江苏滨海盐碱地改良与种植实践

江苏方洋集团有限公司
江苏方洋建设工程管理有限公司 编著

中国建筑工业出版社

图书在版编目（CIP）数据

江苏滨海盐碱地改良与种植实践 / 江苏方洋集团有限公司，江苏方洋建设工程管理有限公司编著. —北京：中国建筑工业出版社，2023.12

ISBN 978-7-112-29259-2

Ⅰ. ①江… Ⅱ. ①江… ②江… Ⅲ. ①滨海盐碱地—盐碱土改良—研究—江苏 Ⅳ. ①S156.4

中国国家版本馆CIP数据核字（2023）第184149号

责任编辑：杜　洁　李玲洁
书籍设计：锋尚设计
责任校对：姜小莲

江苏滨海盐碱地改良与种植实践

江苏方洋集团有限公司
江苏方洋建设工程管理有限公司　编著

*

中国建筑工业出版社出版、发行（北京海淀三里河路9号）
各地新华书店、建筑书店经销
北京锋尚制版有限公司制版
建工社（河北）印刷有限公司印刷

*

开本：787 毫米×1092 毫米　1/16　印张：9　字数：156 千字
2024 年 6 月第一版　　2024 年 6 月第一次印刷
定价：**60.00** 元

ISBN 978-7-112-29259-2
（41808）

编 委 会

前 言

在城市发展建设中，城市绿化一直是其中重要的组成部分，绿化建设不仅可以有效改善城市整体生态环境，还可以较好提升城市景观水平。在我国一些沿海滩涂地区，由于受土壤盐碱化程度高、地下水位高等因素影响，原滩涂区域除生长碱蓬、芦苇、柽柳等耐盐碱植物外，其他绿化植物栽植成活率不高，生长态势不佳，城市绿化建设效果受到制约。客土置换绿化栽植技术虽在当下应用广泛，但其破坏生态、建设成本逐年增加的缺点明显，技术可持续性不强。

为了探索研究城市绿化建设中所遇到的这些难题，连云港徐圩新区摸索了一套适合本地区的滨海盐碱地绿化技术，实施了多项公园绿地、附属绿地、防护绿地等不同类型的绿化建设，并开辟了多个种植试验地块，开展了大量的土壤改良与绿化种植方面的研究实践。

本书首先介绍了连云港徐圩新区土壤的现状情况、盐碱地的成因和徐圩新区盐碱地改良实践的过程与经验，之后论述了客土回填和本地原土两种条件下所进行的盐碱地改良，以及改良和种植的思路、实施过程和技术措施、植物日常养护和经验成果等，书中配有实施过程和实施成果的照片插图。

我们将盐碱地改良与种植实践的过程及成果汇编成书，希望通过本书与广大同行进行交流并供大家参考借鉴。最后谨向所有帮助和支持本书编写的朋友表达谢意，向中国建筑工业出版社的编辑们给予的指导和帮助表示感谢。

限于作者水平，书中难免有疏漏和不妥之处，敬请读者批评指正。

目 录

第1章

滨海盐碱地概述

1.1 国内滨海盐碱地的分布

在世界范围的内陆和滨海地带都存在大量盐碱化土地，即盐碱地。盐碱地与山地、沙漠和戈壁一样，是一种自然现象，它在世界范围内的干旱地区和沿海地区都有大量分布。

在我国，滨海盐碱地主要分布在长江口以北的江苏、山东、河北、天津和辽宁等省市的滨海地带，依据滨海盐碱地的形成原因及各自特点，将滨海地区自北到南分为三段，分别为渤海段、黄海与东海段、南海段。其中黄海与东海段包括江苏北部、上海、浙江等省市的滨海地带。江苏北部滨海地带土壤盐碱化比较突出的地段集中在连云港滨海地区，其生态系统建设和绿化美化建设均受到制约，严重影响了这类地区生态系统的健康发展。

1.2 连云港滨海盐碱地概况

连云港位于江苏东北部，濒临黄海，地貌主要是冲积与海积平原的复合型海岸。在连云港滨海地区，除了北云台山外，其他地区地势起伏不大，整体比较平缓，地面高度北高南低、西高东低。

本书所介绍的盐碱地改良与技术实践活动均在连云港徐圩新区范围内。徐圩新区原始地面高程较低，黄海高程在1.9 ~ 3.2m之间；区内建成区域和正在建设的区域经过填土垫高，一般地面高程约为3.85m。

徐圩新区在2009年之前的近百年间一直是生产海盐的盐场，海盐生产首先将海水通过专用的纳潮河输送至盐田，再经过蒸发、结晶等工序制成海盐，整个海盐的生产过程，给盐场区域土地带来了大量盐分，造成区内土壤含盐量极高，这也是该区域内土地盐碱化严重的主要因素。

1.3 滨海盐碱地的成因

滨海盐碱地的形成有多种因素，包括地理因素、气候因素、地质因素、水文因素和人为因素。其中主要成因是地下水中携带的大量盐分，随着蒸发来到地表，地表地势低洼导致排水不畅，水汽慢慢蒸发，盐分就在土壤中逐渐累积形成盐碱地。

滨海土壤盐碱化的过程受到许多因素的影响，总体而言，土壤自身和外界环境两大因素对其影响最为明显，而在连云港滨海盐碱地形成的诸多因素中，晒盐这类生产活动是造成土壤重度盐碱化的主要因素之一。

1.3.1 地理因素

影响土壤的内部因素包括形成土壤的岩土母质、土壤中的盐分类型与活性等；外部因素则包括盐碱土地区的气候、地形与地貌、地面流域水文、地下水位及水质、植物作用以及人类活动等。

盐碱土的形成过程本质上是土壤不断积盐的过程，其进程主要受到土壤中水盐运动的影响。一般来说，土壤中的盐分主要来自岩石风化，岩石风化形成的盐性物质溶于水并随着水不断运动，通过水流的运动分布在土壤的不同部位以及地下水中，而当盐分汇集到土壤中，使土壤中的含盐量超过一定限度时，就会发生积盐现象，这片土壤也就从正常的土壤逐渐盐碱化。

盐碱化土壤的积盐过程主要受地下水、海水浸渍、地面径流的影响。其中地下水的水位对内陆干旱、半干旱地区的土壤有着重要影响，当气候过于干旱、地下水得不到足够补充，而致使水位下降超过一定限度时，溶于地下水的盐分子在土壤中的上升速度就会加快，通过土壤毛细管一直上升至地表，经过土壤强烈的蒸发作用，盐分大量聚积，使土壤发生盐碱化。此外，盐分还会随着内陆河流、地面径流、季节性湖泊的水分迁移到排水不畅通的低洼地面，盐分则随之从高处向低处汇聚，使土壤积盐的情况不断加重。除了地下水的运动，干旱地区强烈的蒸发作用还会导致水分蒸发而盐分留存，使土壤进一步盐化。

盐碱土是在气候、地形、地质、水文等各种自然环境因素和人为活动因素综合作用下，由于土壤表层各类可溶性盐分离子的聚积，造成土壤中盐分含量过高，最终导致无法进行正常的农作物种植或者绿化种植的土壤。其中可溶性盐分离子在土壤表层的聚积与地下水位、土层透水性、地区蒸发量以及降水量差值等都有关系。而沿海地区则主要因为海水对滨海地区土壤的浸蚀，导致滨海土壤含盐量高而使土壤呈现盐碱化。

由于地理位置和周边自然环境影响，沿海地区的土壤长期受到海水浸泡，而海拔较低且地下水位高的地带形成盐碱地，则主要是受到地表海潮侵袭和地下海水倒灌两种形式的影响。长此以往使海水中的盐分聚积在土壤中，土壤中盐分过多就形成土壤盐碱化。

滨海盐碱地所含盐分主要是氯化物，因而滨海盐碱地对植物的危害要大于内陆盐碱地。滨海盐碱地以盐化土为主，一般土壤pH小于9。土壤含盐分的程度分为轻度、中度、重度三级，轻度为0.1%～0.3%；中度为0.3%～0.5%；重度为0.5%～0.6%。

1.3.2 气候因素

在滨海地区，造成土壤盐碱化的气候因素包括风力的搬运影响和干旱、冻融等温度影响，此外，水分蒸发和自然降雨过程，也对盐碱地的形成产生了重要影响。

我国东部地区处于太平洋季风气候区，气候表现为夏季高温、湿润、降雨较多，冬、春季低温、干燥、降雨较少，全年的温度和湿度都有比较明显的变化。在夏季雨水较多时，土壤可以通过降雨进行淋洗排盐，这个过程通常会持续3个月左右。而当降雨期过了之后，气候重新变得干旱，土壤就开始大规模积盐，这个过程通常会持续5～6个月。

滨海地区降雨的时空分配不均匀，年际变化较大。通常滨海地区降水量大部分集中在夏、秋两季的雨季，占全年降水量的90%，其中7月和8月的降雨更是雨季的高峰期，两月降水量可占全年的80%。在这样短的时间内出现如此集中、大规模的降雨，极易造成毁灭性的灾害，对维持土壤的稳定性造成不利影响。虽然雨季时进行自然淋盐以改善滨海盐碱土的盐碱性状最为合适，但分配极为不均匀的降水量在淋洗的同时更容易造成洪涝灾害。夏、秋季大规模的降雨不仅对本季节里的地理水文带来影响，还会对秋后的地理水文造成延续性的影响。它会导致秋后地下水位升高，还会促使春季到来时土壤加速返盐，使得更多的盐分在土壤表面聚积。

尽管滨海地区夏、秋季降水量较大，但在冬、春季降水量较小、日照强烈，导致冬、春季土壤中的水分蒸发量大。滨海地区土壤中的盐分会随着水分蒸发而上移，同时土壤中的毛细管还不断通过水流运动补充水分，这些就促使冬、春季原来溶于水中的盐分聚积在地表。聚积在地表的盐分不仅危害植物的正常生长，还对周围生态环境造成了一定的破坏。滨海地区的冬季气候寒冷且风力较强，在这个季节里通常会发生土壤冻融现象，土壤发生隐蔽性的积盐，最终导致土壤进一步盐碱化。

当气候较为干旱时，大气中的水分蒸发会使土壤内的水分向上运动，而当气候较为湿润时，大气降雨又可以补给地表水以及地下水，可见气候的干旱和湿润直接影响到滨海区域土壤的盐碱化程度。通过相关研究发现，气候越干旱且土壤中水分蒸发越强时，水分蒸降比逐渐升高，土壤积盐越来越多，盐碱化也随之严重；反之，气候越湿润且土壤中水分蒸发越弱时，水分蒸降比逐渐降低，土壤积盐逐渐减少，盐碱化的程度也就逐渐转好。

在众多影响土壤盐碱化的气候因素里，除了降雨因素外，还有风力因素。当风力较大时，盐碱地中的水分蒸发会加快，进而加剧盐碱地的形成。

1.3.3 地质因素

地形地貌对土壤的理化性质和水盐运动都有着重要的影响，主要是通过影响地表水和地下水的运动而实现的，地表径流或地下水从高处向低处流动，土壤盐分也随之发生移动，不同的地质条件会使土壤形成不同的盐分聚积过程。因此，地形高低起伏和物质组成的不同，会影响地面和地下径流的运动，进而影响土壤中的盐分运动。

在面积比较大的区域范围内，水溶性盐会通过水分的冲洗溶解，从地势较高处向地势较低处逐渐渗透，最终往往汇聚在地势的低洼区域，这也是沿海低洼地区或者盆地地区更容易发生土壤盐碱化的原因。在面积较小的区域范围内，地形地貌的不同往往造成一片土壤中盐碱化程度呈现分布不均匀的情况。地势较高的小地形局部，水分蒸发速度由高点向下逐渐从快变慢，盐分也会随着毛细水从低到高移动，最终聚积在局部高地形或者积水区的边缘，这也是土壤小地形局部边缘及高地形土壤盐碱化更为严重的主要原因。总的来说，地表水和地下水在沿着地形由高到低坡向流动的过程中，土壤矿化度会逐渐升高，导致土壤从上游到下游呈现盐碱化由低到高的变化。

除了地形的高低变化，盐碱土的土质和土壤的理化结构同样会影响土壤盐碱化的过程和结果。例如砂质土壤的毛细孔隙大而毛细作用力小，从而导致盐分随之上升的高度有限，不容易聚积盐分，相比于其他质地的土壤，对盐碱化的抗性更强。

1.3.4 水文因素

水对盐碱地形成的具体影响分为地表径流、浅层地下水径流、深层地下水径流。土壤的盐碱化进程可以用“盐随水来，盐随水去”一句话来概括，可见水是土壤中盐分运动的主要载体，土壤中盐分随着水分子运动，导致土壤中盐分分布的变化。其中地下水的运动对土壤中盐分的移动有着重要影响，对于滨海盐碱地土壤盐碱化的影响尤为明显，是影响其盐碱化的主要因素之一。盐分随地下水流动，在大气的强烈蒸发作用下，盐分从地下水中蒸发上行，逐渐沉积在土壤之中，这成为土壤含盐量上升的重要原因。当在土壤中沉积的盐分含量过多时，就形成了盐碱化的土壤，这也是水文影响滨海盐碱土性质的重要原因。

在正常情况下，土壤地下水的深度越浅，水质矿化度就会越高，这样的地下水蒸发时在土壤中形成的盐分聚积就越严重，反之则越少。除了特定流域地下水本身的水位以外，地表径流和地下水径流的运动和水源的化学特性对盐碱化的发生和盐分分布具有极为重要的影响作用。当大量降雨无法及时排出时，河水将会漫过河堤，形成地表径流浸润土地，当河水退去时，盐分就留在土壤之中。还有一种情况是，人工灌溉时河渠的两侧由于工程质量问题发生侧渗，或者河水两岸发生侧渗，这会在一定程度上抬升附近的地下水位，增大地下水矿化度。因此，降水量大且排水性能差的地方，或者河渠两侧的土地，更加容易发生盐碱化。

此外，关于地下水位和土壤盐碱度之间的线性关系，有大量学者通过数据分析和科学研究提出了“临界深度”的概念。临界深度是关于地下水位的一个临界值，是指当蒸发作用最强时也不会引起盐分在表层土壤中聚积的最浅地下水位，这个概念的提出对研究地下水位对土壤盐碱化程度的影响有着重要的意义。

1.3.5 人为因素

人为因素包括人为改造地形地貌、水利工程的建设与农田的灌溉等对土壤盐碱化产生的影响，可以归结为人类采用各种方法改变了土壤中“水-土-盐”的运动和聚积规律，在某些条件下使得盐分在土层中聚积达到一定的量，进而形成盐碱土。这些影响因素都会在不同范围和不同地区显现出不同的效果与特征，而且大多数情况下多个因素会叠加影响，所以必须针对地区特点及实际情况做出具体分析。人类对于土地的不同开发利用方式，比如滩涂围垦、新土填埋等会改变土壤的结构和类型，导致盐分的运动途径和转化速度也发生相应的变化。

此外，在耕种过程中对土壤的不当灌溉，同样可以导致土壤发生次生盐碱化，甚至已经成为如今干旱或半干旱地区农业发展的主要不利因素。当无法控制灌溉的水量而进行无节制灌溉时，水量过大会引起土壤的盐碱化；如果采用科学合理的灌溉方式，比如淡水滴灌盐土，则能够使表层土壤盐分缓慢脱盐。可见人为活动对于滨海盐碱土的影响有利有害，只有把握好二者之间的关系，找到科学的方法，才能利用人为活动对盐碱土的改良产生更加正面的影响。

1.4 盐碱地土壤理化性状

对于徐圩新区绿化种植工程来讲，原土是指本地区长年积淀下来的自然土，经受长期的自然环境影响，具有相对稳定的土质特性，包括含盐量、酸碱度和有机成分等。其主要存在形式有三种：长年积淀下来的自然表层土、河道清淤土、吹填海淤土。

徐圩新区原土土壤pH介于7.8～9.3之间，土壤含盐量普遍高于9g/kg，只有较少地块低于9g/kg。随着土层深度的增加，土壤含盐量显著上升，是典型的重度盐碱地。耕层土壤深度为0～20cm和20～40cm土层的有机质含量均低于10g/kg，而土壤深度为40～60cm土层的有机质含量更是低于5g/kg，属于低肥力土壤。根据全国第二次土壤普查及有关标准，耕层土壤中的速效磷含量属于四类土，速效钾含量属于三类土，而碱解氮含量显著低于45mg/kg，甚至低于30mg/kg，说明土壤中有效氮的含量明显缺乏。

徐圩新区尚未开发的地块，一般情况下土壤板结严重，盐碱化程度高，在徐圩新区土壤抽测中，选取3个区域采样，分别为近海域、距离海岸线100m处、距离海岸线200m处，并对3处的地表以下60cm土层土壤进行基本理化性状检测，采样土分别为长年积淀下来的自然表层土（样品号1）和河道清淤土（样品号2）。

近海域土壤基本理化性状见表1-1，按照卡庆斯基土壤质地分类，均为黏土质地。

距离海岸线100m处土壤基本理化性状见表1-2，按照卡庆斯基土壤质地分类，均为黏土质地。

距离海岸线200m处土壤基本理化性状见表1-3，按照卡庆斯基土壤质地分类，均为黏质壤土质地。

近海域土壤基本理化性状 **表1-1**

样品号	深度（cm）	含盐量（g/kg）	pH	有机质含量（g/kg）	碱解氮含量（mg/kg）	速效磷含量（mg/kg）	速效钾含量（mg/kg）
1	0 ~ 20	9.06	8.44	7.30	10.60	7.80	128.60
	20 ~ 40	10.96	8.73	7.80	8.20	3.10	97.30
	40 ~ 60	11.90	8.61	2.40	4.10	1.10	73.50
2	0 ~ 20	6.12	8.95	9.60	21.90	8.90	138.60
	20 ~ 40	9.56	8.62	8.30	13.40	6.70	109.70
	40 ~ 60	20.76	9.28	4.80	5.00	4.00	87.30

距离海岸线100m处土壤基本理化性状 **表1-2**

样品号	深度（cm）	含盐量（g/kg）	pH	有机质含量（g/kg）	碱解氮含量（mg/kg）	速效磷含量（mg/kg）	速效钾含量（mg/kg）
1	0 ~ 20	6.06	8.12	9.35	11.60	8.18	129.30
	20 ~ 40	8.76	8.33	7.80	9.27	3.45	98.50
	40 ~ 60	10.65	8.44	2.89	5.64	1.72	78.10
2	0 ~ 20	8.23	8.69	9.76	18.54	9.38	139.40
	20 ~ 40	10.63	8.87	8.93	14.46	7.77	112.50
	40 ~ 60	17.54	9.36	5.48	5.79	4.62	88.70

距离海岸线200m处土壤基本理化性状　　表1-3

样品号	深度（cm）	含盐量（g/kg）	pH	有机质含量（g/kg）	碱解氮含量（mg/kg）	速效磷含量（mg/kg）	速效钾含量（mg/kg）
1	0 ~ 20	4.27	7.87	14.12	17.18	10.90	124.77
	20 ~ 40	7.58	7.92	9.81	9.14	6.71	119.49
	40 ~ 60	9.07	8.19	3.88	3.49	3.36	71.47
2	0 ~ 20	9.80	8.05	12.29	17.19	14.27	134.36
	20 ~ 40	10.48	8.46	9.22	10.90	7.66	101.94
	40 ~ 60	15.45	8.98	4.40	4.55	4.23	86.04

由以上表格分析出同一深度下的土壤中，不同采样土距海岸线远近与土壤含盐量呈现不同趋势。自然表层土，土壤经过多年分化、雨水冲刷后，土壤中含盐量有所降低；河道清淤土的土质中含盐量高，土呈流质状，孔隙率低，水分渗入困难，通气性不佳。

徐圩新区进行的盐碱地改良实践，参考了多种盐碱地改良方法，重点以客土绿化为主、原土绿化为辅，使滨海地区的改良方案更具有可行性与可靠性。

1.5 盐碱地改良技术发展

国内滨海盐碱地的改良是从内陆盐碱地改良延伸过渡而来，随着盐碱地改良研究实践的不断深入，逐步形成具有滨海盐碱地自身特点的多种改良措施与方法，包括物理改良法、化学改良法、生物改良法和水利工程改良法等。

1.5.1 物理改良法

物理改良法主要通过客土回填、铺砂压碱、挖土筑台、地面覆盖、地下排盐等技术措施，来实现改良盐碱地土壤的目的。其中客土回填是将土壤改良区内含盐量高于3%的土壤表土铲起运走，回填上没有盐碱化的种植土，实现改善当地土质的目的。

采用物理改良法的案例有：天津滨海新区、连云港市沿海地区的地下排盐、客土回填；河北省黄骅市的“台田–浅池”综合改良法；河北省沧州市的排水冲洗降盐法。

1.5.2 化学改良法

化学改良法是利用酸碱中和原理，通过增加化学调节剂，使土壤中的钠离子发生化学反应，用酸碱中和原理来改善土壤盐碱化程度，实现降低土壤盐碱含量的目的。化学改良法也可以通过施用化肥和各种土壤调节剂等提高土壤肥力、改善土壤结构、消除土壤污染等。

采用化学改良法的案例有：天津市滨海新区用海湾泥与粉煤灰和碱渣配制“新土源”达到近似于正常种植土壤的肥力；河北省沧州市采用过磷酸钙来中和泥土中的碱性；江苏省如东县使用含有水石膏、磷石膏、沸石等物质的土壤盐碱调节剂来降低土壤中的盐碱度。

1.5.3 生物改良法

生物改良法主要通过增施有机肥、种植耐盐植物、微生物改良、植物修复等方法，增加土壤有机质含量以提高土壤肥力，通过改善土壤成分结构实现土壤逐步脱盐的目的。

采用生物改良法的案例有：江苏省如东县使用栽培抗盐碱水生植物、施加绿肥来增加土壤中的有机质含量；江苏省盐城市利用生活垃圾微生物肥料中含有的大量活性、有效的菌种在特定环境下产生芽孢，粘合泥土团粒，促进非毛细空隙扩大和增多，增强了盐碱地淋盐的能力。

1.5.4 水利工程改良法

水利工程改良法主要通过建立农田排灌工程，调节地下水位，改善土壤水分状况，降低土壤盐碱化程度。利用蓄淡压盐、灌水洗盐、地下排盐等水利工程改良盐碱地，实现土壤逐步脱盐的目的。

采用水利工程改良法的案例有：天津市滨海新区在盐碱地附近砌筑堰台储存雨水，用雨水对土壤进行灌溉，通过淡水洗盐的方法使土壤脱盐；河北省沧州市采用客土回填的方法抬升地势，实现淡水降盐的目的。

1.6 盐碱地改良的意义

通过盐碱地改良，可以改善生态环境，提高生物多样性。

在土壤严重盐碱化的区域，大量植物难以种植，城市绿化景观效果受到限制，严重影响了市容市貌。改良后，土质得到明显改善和提升，一些常见的园林绿化树种再次适应了当地的土壤，不但改善了城市景观风貌，调节城市气温、湿度，优化空气质量，而且为城市投资发展创造了良好的营商环境。同时，自然环境的变化，使得大量的鱼类、鸟类等动物再次回到这里栖息和繁衍，极大地促进了生态环境和生物多样性的保护。

此外，在降低城市建设成本方面，盐碱地改良方法的多样化，使不同项目在成本控制上有了更多的选择，改变了以往主要采用排盐盲管的方式，在降低成本的基础上简化工艺，根据不同建设开发周期需要，有的放矢地运用不同的改良工艺，显著降低了建设成本。

徐圩新区历史上曾经作为盐场用地，如今转换用地功能成为大型工业园区，在这样盐碱化严重的土地上开展盐碱地改良，解决盐碱地绿化植物的生长存活问题、改善植物生长的土壤环境和降低盐碱地的绿化建设成本，为实现工业园区高质量发展起到重要的促进作用。

第2章

滨海盐碱地改良方式

徐圩新区建立十几年来，重点工作是园区基础设施建设，而园区绿化景观效果的营造，对于营商环境的塑造也发挥着重要作用。

在园区绿化景观实施初期，绿化工程中土壤改良普遍采用暗管排盐和客土回填的方法，代表工程为云湖公园。经过若干工程项目实践后，对工程项目实施结果进行分析研究，不断改进土壤改良方法，采用隔盐与海绵城市理念相结合的方式进行土壤改良与绿化种植，代表工程为张圩港河防护林带。

近几年，随着改良工艺的不断提升，引进了中国科学研究院地理科学与资源研究所的微灌水盐调控的改良方法，种植效果良好。另外，研究团队结合科研项目开展了盐碱地土壤改良试验，引进了盐碱地植物新品种，取得了良好效果。

2.1 改良原则

通过多年的建设工程实践，徐圩新区摸索出了一套适合滨海盐碱地绿化施工的经验方法，通过多种方式的土壤改良与植物品种试种经验，总结出滨海盐碱地城市绿化美化建设的三项原则，即因地制宜原则、结合需求原则和可持续性原则。

2.1.1 因地制宜原则

根据具体地块所处的地理环境、土质特点、开发周期和资金投入情况，采用物理、化学和生物等多种技术方法，对具体项目选用有针对性的改良措施和工艺。

2.1.2 结合需求原则

结合城市绿化建设需求，针对不同类型的建设项目，选用适宜的植物品种、土壤改良方法和后期绿化养护方法，制定配套的施工、养护措施，降本增效。

2.1.3 可持续性原则

针对滨海地区地下水位高的情况，绿化工程在选择种植环境时，应综合考虑植物的适应性和可持续生长性，采取适宜的工程措施与施工方案，避免出现苗木生长态势逐渐变弱的情况。

2.2 滨海盐碱地改良的前置条件

依据绿化工程建设条件，优化改良方案、简化施工工艺、利于后期管养，是滨海盐碱地改良的要点，在前置条件中应重点对土源选用、建设成本分析、建设工期、气候与种植品种选择等方面综合考虑，选择最优方式。

2.2.1 土方资源合理利用

滨海城市面临的普遍问题是现状建设用地地势偏低，在建设前期需要采用垫土的方式来提高地面高程，满足城市规划对建设用地标高的要求。以徐圩新区为例，现状建设用地平均海拔（本书海拔数据均为黄海高程）为1.5～2.0m，园区内道路规划标高为3.8～4.0m，因此建设用地需要填土垫高才能达到规划对建设用地标高的要求，绿化种植用地也相应需要回填大量土方垫高。这种情况下，实现垫高的土源有两种，一种是采用当地挖掘的基坑土或河道清淤土；另一种是取自区域外的土源，且区域外土源应符合标准种植土的要求。绿化工程根据土源位置、投资情况、苗木品种等综合因素进行土源的合理选择。

2.2.2 原土与客土选用

常规的绿化工程在土壤选择上，是采用原土还是客土，主要取决于土方的来源。采用原土主要考虑就近原则，采用客土主要考虑种植土是否达标原则。

为了实现工程成本的控制，对于用地规模大的公园或滨河绿化，可根据城市规划对湖面进行开挖或对河道进行疏浚来获取土源，就近选用土壤进行绿化工程建设，并通过填土来提高地面高程。在周边土源不足的情况下，可选用客土回填的方式，从外地调运绿化种植土回填，既满足城市规划对建设用地标高的要求，也为植物提供良好的生长环境。

2.2.3 土方运输与建设成本

从徐圩新区工程建设成本分析来看，原土改良深度为1.5m的情况下，措施费用通常为120～130元/m^2，不包含原土运输费用。客土改良深度为1m的情况下，措施费用通常为140～150元/m^2，其中包含了隔盐措施、土方运输和回填措施费用。可根据不同项目建设的具体需求，合理选择土壤来源。

2.2.4 建设周期与土源选择

对于建设周期较短或因季节问题亟须进行绿化种植的项目，一般考虑以客土回填为主。如道路绿化和小区绿化工程，大部分采用客土回填方式，能够实现迅速覆绿和多种植物搭配的种植效果，从而在短期内达到绿化美化的目的。对于大面积闲置用地要实现覆绿的效果，一般在地块中采用就地平整和开沟拉垄的方式进行原土改良、地被覆绿，种植耐盐植物，这种方式的覆绿周期通常较长，需2～3年，甚至更久。

2.2.5 种植形式与改良方式

对于靠近河岸两侧的防护林带建设工程，在种植方式较为单一的情况下，可根据工程具体情况采用原土改良的方式，采用水肥一体化滴灌技术，迅速排盐，给植物争取地下部分的生长空间，避免盐分过重导致植物生理干旱、水分从根细胞外渗而伤害植物组织，导致长势弱甚至死亡的情况。而对于需要营造乔灌草搭配的自然式植物栽植形式，大部分选择客土回填的方式，因不同植物的生长特性不同，供水量也有差异，应区别对待。水肥一体化滴灌技术对于自然式植物栽植形式，虽然降低了排盐效果，但难以达到精准浇灌的目标，容易导致不耐水湿植物出现大面积死苗的情况。

2.2.6 改良工艺与气候因素

因工程建设周期的要求不同，采用的改良方式也应不同。原土改良技术在土壤粉碎环节需要晾晒，而这又受到气候因素的影响，因此不能精准控制工期。对于亟须覆绿的项目，不宜选用原土改良技术。对于浅表层土壤改良和客土回填工艺，则可按常规绿化工程考虑工期。

2.2.7 植物种类与工艺措施

在利用客土回填进行种植时，植物品种的选择可以多样化。而在利用原土种植时，选择单一植物种植是比较理想的方式，这样可以保证植物的存活率，保证精准滴灌浇水、施肥。当植物组合栽植时，不宜采用微滴灌技术，因为不同植物的生长特性存在较大差异，对水分的需求也不同，很难做到合理滴灌，因此多选用生长习性相近的植物搭配栽植，可以保证植物的存活率。

2.3 多种现场情况所采用的措施

在徐圩新区盐碱地客土改良工程中，采用的主要方法是物理改良法。在实施过程中还会结合场地的具体情况，采取相应的工程措施。

2.3.1 地势低洼场地采用的措施

徐圩新区地下水常水位标高在1.77～2.2m之间，相对当地的规划用地标高是偏低的，因此需要提高地面高程，并增加隔盐、排盐措施。在维持现状高程的情况下，建议种植植物以本土耐水湿、耐旱的盐生植物为主。

当改良场地高程低于此数值时，不宜采用客土改良工艺，因为这种条件下的客土改良工艺极易造成土壤的二次返盐碱，导致植物长势不良，后期植物养护难度增大。

2.3.2 表层土壤含盐量大采用的措施

当地表土壤厚度在0～10cm范围的含盐量大于10g/kg时，应先清除表层盐土，然后采用填垫客土的方法来抬升高程。若表层盐土过薄，应在场地上开槽后再填垫客土，并在客土层底部配套采取铺设隔盐层的改良措施，隔盐层厚度为20cm，填垫后场地抬升高度不小于场地最小抬升高度，且客土层厚度不小于有效土层厚度，以满足乔灌草的正常生长需求。

2.3.3 地势过低采用的措施

当地表高程与规划要求差距较大时，应先填垫原土抬升至一定高度，然后在盐碱地上铺设厚度为20cm的隔盐层，再在隔盐层之上填垫客土，填垫场地沉降后高度达到规划场地标高要求。

第3章

客土改良与种植技术

客土改良技术在大部分盐碱地区相对成熟，通常采用暗管改良的方法，达到迅速覆绿的效果。徐圩新区大部分地块绿化种植也是采用客土回填的改良方法，这种形式的种植首先需解决地下原土盐碱性对客土的侵蚀问题，以保证绿化植物的生长正常。结合园林绿化工程盐碱地改良技术标准，通过不断研究与实践，研究团队逐渐探索出一套适合本地土壤条件的客土改良与种植技术方法。

3.1
客土改良的有关技术标准与规程

针对现有土壤情况，客土改良主要有两种方法，一种为暗管排盐措施，另一种为隔盐措施。在《园林绿化工程盐碱地改良技术标准》CJJ/T 283—2018中已经明确了改良的措施工艺，且在具体做法上明确以现行行业标准《暗管改良盐碱地技术规程 第2部分：规划设计与施工》TD/T 1043.2为准，本书在此不做过多赘述。

3.2
客土改良技术应用

在徐圩新区的绿化工程中，客土改良主要应用在道路绿化、公共绿地和住宅小区项目上。其中最为典型的案例为徐圩新区云湖公园工程和徐圩新区张圩港河防护林带工程。云湖公园工程的客土改良以暗管排盐措施为主，徐圩新区张圩港河防护林带工程的客土改良以海绵城市与隔盐措施技术为主，充分展示了客土绿化中隔盐措施与海绵城市设计理念的结合。

3.2.1 淡水排盐与暗管排盐结合的改良应用

在徐圩新区绿化工程建设中，采用淡水排盐与暗管排盐相结合的方式改良，实现了客土改良的目标，最为典型的案例是云湖公园工程。

云湖公园位于徐圩新区产业服务中心北侧，距离海岸线1.2km，现状用地是以未开垦的盐田用地和水塘为主，周边水系网络也多为以前晒盐生产所用。在建设初期，现场随处可以见到像刚下过雪一样的“白茫茫”盐渍，整个基地范围内仅存芦苇、碱蓬、地肤等盐生植物，缺乏生机，是滨海盐碱地的典型代表。在建设过程中，着力从改造生态环境入手，将盐田水塘集中改造成为人工淡水湖，为区域绿地的建植和城市生活的开展提供先决条件。工程采用淡水排盐和暗管排盐相结合的方式，为实现生态的可持续性发展奠定基础。

云湖公园生态重建的首要任务是改造环境条件以适应植物生存，其中最重要的部分是客土回填、暗管排盐，避免客土被原土污染导致植物长期生长不良甚至死亡。

首先采取淡水排盐的方式，根据“盐随水来，盐随水去”的运动规律，通过围堰将云湖附近区域内水系与外部隔断，同时需保障区域内各河道之间相互连通。利用海水退潮时段，关闭进水闸，通过泵闸将区域内所有河水排海。待区域内河水排尽后关闭泵闸，同时根据上游水量开启淡水进水闸，补充淡水（所需淡水总量约676万m^3），待公园内湖水中氯离子浓度达到5000mg/L时，开启泵闸排水，待水排尽后重新补入淡水，周而复始，从而达到不断洗盐排碱的目的。

其次采用暗管排盐的方式，先敷设地下排水管网，降低地下水位，减少土壤含盐量。待盐碱随水排走后，还需在地下水位线之上铺设粗粒径、中粒径石子，覆盖土工布，从而形成纵向上的防盐隔离层，阻断土壤的毛细管作用，以防地下水上返污染种植土。为达到良好的处理效果，在施工过程中，在绿地边界设置了防渗土工膜作为隔盐壁，隔绝绿地与外界盐碱水分的横向联系，有效防止次生盐渍化的发生。

云湖公园如图3-1所示。

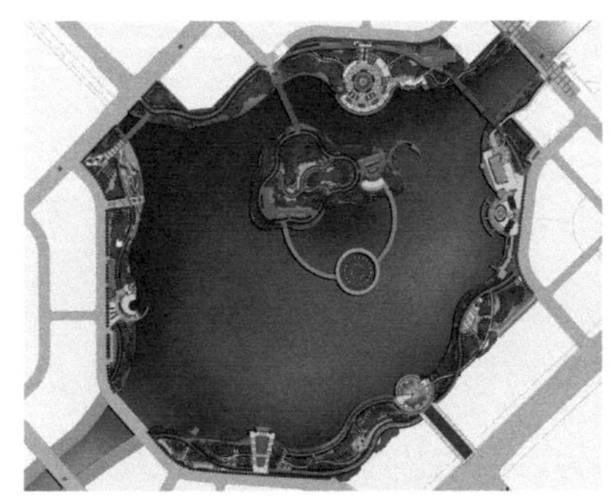

（a）云湖公园平面图

（b）云湖公园建成后效果（一）

（c）云湖公园建成后效果（二）

（d）云湖公园建成后效果（三）

（e）云湖公园整体效果图

图3-1　云湖公园

3.2.2　通过地形设计实现排盐排碱

徐圩新区张圩港河防护林带工程，位于徐圩新区云湖商务功能配套区内。工程东起226省道，西至港前大道，南临张圩港河，北至灯塔路，是江苏沿海工业园区重盐碱地防护林带建设工程，占地面积约90万m^2，合同造价1.2亿元。

张圩港河防护林带工程土质原为盐碱地，土壤条件和自然环境较差，距离海边最近处仅600m。由于受到海潮和海水型地下水的影响，该项目用地的土壤含盐量较高，土壤pH在8.25～8.95之间，含盐量30‰～40‰，土壤盐碱化程度从上至下依次为超盐渍土—强盐渍土—中盐渍土；土壤中的易溶盐浓度、质量浓度、腐蚀性特征均在15m以内的范围随深度的加深呈降低趋势；地下水中易溶盐浓度等各项指标普遍较高，显示较强的腐蚀性。由于该地块表层土均为河道开挖和清淤堆积而成，在后期土方整理过程中，为了减少土方运输成本，根据现场情况巧妙地设计了深浅不一、形态各异的自然水塘，满足了排盐排碱的目的，在减少土方转运成本的同时又能符合海绵城市的设计理念，达到了很好的景观效果。

1. 排盐措施

第一步，在进行隔盐处理地块的最低处敷设地下排水管网，保证隔盐层中盐水可以顺利汇集至排水管网中；第二步，考虑软土地基因素，在底层土上创新性地加铺一层竹笆，竹笆间搭接长度大于15cm，以便形成整体基础，防止淤泥层的游移和铺设碎石层的不均匀沉降；第三步，在竹笆上加铺一层30cm厚的中粒径石子并覆盖土工布，形成纵向的防盐隔离层（也称隔盐层），以确保种植土不会随雨水渗透而进入碎石之间的空隙之中，堵塞空隙，造成种植土的再次污染；第四步，在绿地边界设置0.1mm厚的防渗农用薄膜和土工布，隔绝绿地与外界的横向联系。

2. 海绵城市理念与排盐措施的结合

海绵城市针对雨水收集和利用上以“渗、蓄、滞、净、用、排”为实施方针。在排盐措施中，淡水洗盐是重点，利用海绵城市的下渗、滞留和排水达到洗盐的效果。因此在本项目设计中，结合雨水花园、潜流湿地、雨水湿塘与植草沟，完整地解决了客土排盐的问题。利用植草沟将雨水汇集至雨水花园，将雨水花园的溢流通道口与地下隔盐排盐管结合，既解决了淡水资源“蓄”和“滞”的问题，又给淡水洗盐下渗留出充足的时间，创造了快速排盐空间。绿地排盐管沟在碎石层底部增加排盐管，排盐管连通后将水排入周边雨水系统，起到更好的排盐碱作用。

本工程排盐管采用DN80mm双壁透水塑料波纹管，设置在绿地边界处，起到侧向阻隔盐水的作用。

徐圩新区张圩港河防护林带工程施工过程及建成效果如图3-2所示。

（a）场地土方平整　（b）地形低点处设排水沟、排水盲管

（c）铺设隔盐石子层　（d）现场大树种植　（e）铺设土工布

（f）排盐管打孔　（g）隔盐碱做法剖面示意图

（h）碎石铺设　（i）绿化种植与海绵城市建设措施相结合

图3-2　徐圩新区张圩港河防护林带工程

(j）局部完成后效果

(k）雨水花园

(l）海绵城市展示区

(m）雨水湿塘

(n）植草沟

(o）隔盐层与植草沟衔接处做法图（一）

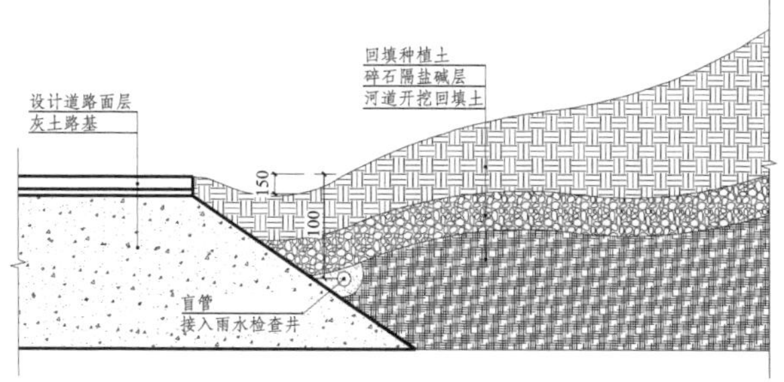

(p）隔盐层与植草沟衔接处做法图（二）

图3-2　徐圩新区张圩港河防护林带工程（续）

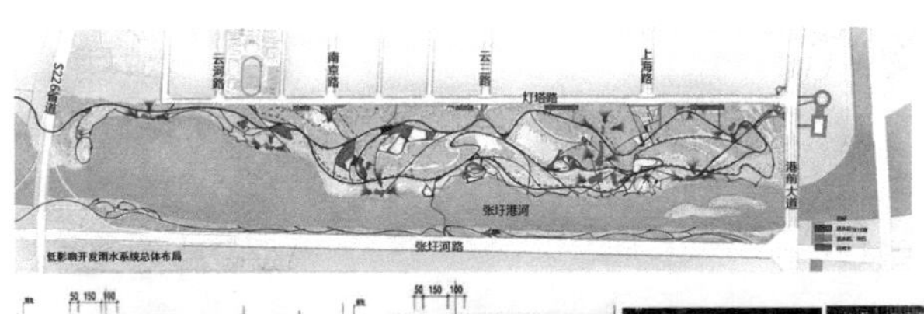

1. 透水道路和铺装
透水道路作为一种新的环保型、生态型的道路种类，能够使雨水迅速渗入地表，补充地下水。

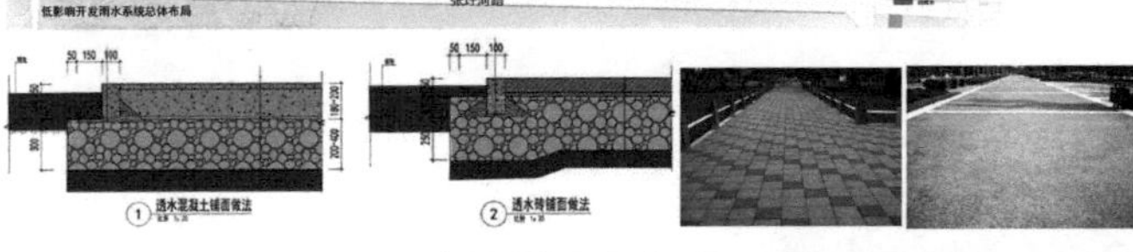

2. 植草沟隔盐碱与海绵措施相结合
植草沟可收集、输送和排放径流雨水，具有一定的雨水净化作用，也可作为生物滞留设施、湿塘等的预处理设施。

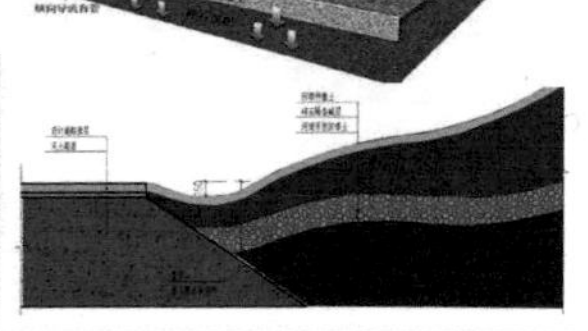

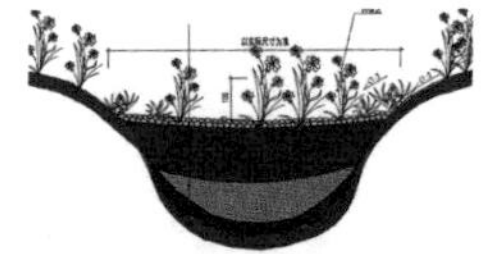

3. 下凹式绿地
在绿地建设时使绿地高程低于周围地面一定高程，以利于周边雨水径流的汇入。

4. 植被缓冲带

5. 雨水花园（生物滞留设施）
在有一定绿地规模的区域与汇水的末端或低洼处，设置雨水花园。

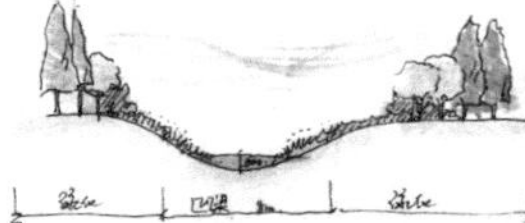

6. 潜流湿地、雨水湿塘
利用现状低洼地，在雨水汇集、排水不畅的位置，设计湿式植草沟及雨水湿塘。

（q）海绵城市建设措施

（r）徐圩新区张圩港河防护林带工程全景

（s）徐圩新区张圩港河防护林带工程局部

图3-2 徐圩新区张圩港河防护林带工程（续）

3. 隔盐排盐工艺说明

考虑采用铺设隔盐层等改良措施和配套采取排盐改良措施，隔盐层铺设在场地地下常水位之上20～60cm处，隔盐层厚10～30cm；隔盐层上填垫客土或盐碱土，填垫厚度不小于有效土层厚度。填垫盐碱土配套铺设排盐盲管，采取水利改良措施控制土壤盐分。在局部缺土区域先挖穴再回填客土，开挖的穴径应为植物胸径的8～10倍，穴深应为植物胸径的6～8倍，穴底铺设隔盐层，隔盐层厚10cm。

4. 隔盐层材料选用

采取铺设隔盐层时，隔盐层材料应为坚实稳定的砂石透水材料或类似材料，隔盐层上下土层的土壤稳定性较差时，砂石透水材料级配应符合现行国家标准《灌溉与排水工程设计标准》GB 50288规定，或在隔盐层上下各铺设一层土工布、竹笆。

5. 地表多种土质混杂情况

在有效土层厚度范围内的土壤或隔盐层之上的土壤，如有夹砂层或夹黏层应采取掺拌改土措施，翻淤压砂或翻砂压淤，并使上下砂土、黏土掺混均匀。掺拌粒径为0.01～5mm的砂子、矿渣等粗颗粒物料，掺拌比例为15%～25%。

在徐圩新区张圩港河防护林带工程建设过程中，采用开挖土方就地回填的方式进行地形塑造。原土回填后，根据设计要求设置排盐、隔盐层，再用客土回填，回填深度要满足植物正常生长需要。采用这种工程措施，既提高了区域防洪能力，又降低了绿化施工成本，有效减少了土方的二次转运，降低了工程总施工成本。同时该工程积极采用海绵城市建设理念，极大丰富了项目的生态效益和使用功能，并有效利用淡水资源，实现排盐目的。该工程铺设排盐层约50万m^2、排盐管8200m，在有效排盐、隔盐的同时，大大提升了绿地对水体的净化能力。

3.2.3 简易排盐措施的改良应用

1. 案例一：连云港石化产业基地生态绿地环境整治一期工程

该工程位于连云港市徐圩新区石化产业基地，绿化面积约12万m^2，工程合同价约3000万元。

该工程涉及土方开挖、余方弃置、场地平整、隔盐工程、种植土回填及绿化栽植等较多工序，工程体量大，是徐圩新区生态环保重点项目。该工程的建设，对于改善新区江苏大道沿线和石化基地的景观效果、提升石化产业基地的生态环境质量提供了有力保障，也为新区的高质量发展和影响力提升发挥了重要作用。

连云港石化产业基地生态绿地环境整治一期工程排盐工程做法见图3-3，铺设排盐、隔盐层见图3-4、简易隔盐做法及现场照片见图3-5。

在排盐隔盐方面，连云港石化产业基地生态绿地环境整治一期工程二标段精准铺设隔盐层11万m^2、排盐管UPVC双壁波纹管（DN120mm）800m、UPVC双壁波纹管（DN110mm）1.4万m，通过有效的措施保证苗木正常生长。

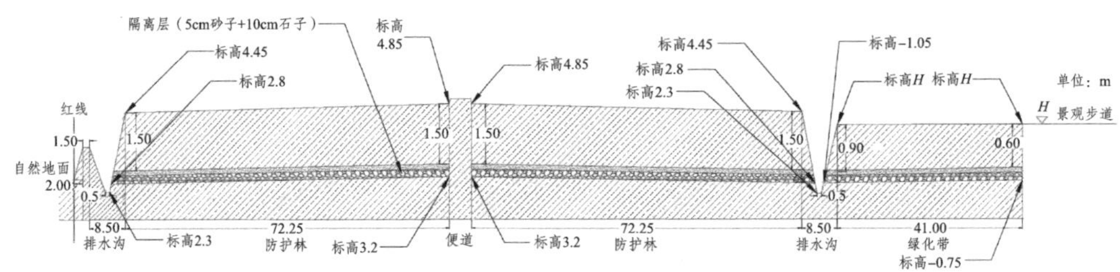

图3-3　连云港石化产业基地生态绿地环境整治一期工程排盐工程做法

图3-4　铺设排盐、隔盐层

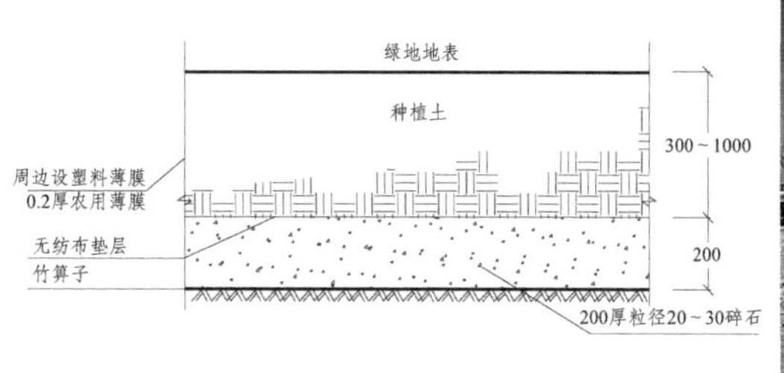

（a）简易隔盐做法

（b）铺设隔盐层

图3-5　简易隔盐做法及现场照片

2. 案例二：徐圩新区智汇湾湖滨公园（A区）绿化工程

该工程位于连云港市徐圩新区环湖路西侧、云河路北侧。于2019年6月4日开工建设，2019年9月20日竣工验收。项目主要栽植乔木、灌木球类、地被，完成铺装、驳岸、给水、室外照明、景观小品等工程，营造优美的绿化氛围。

徐圩新区智汇湾湖滨公园（A区）绿化工程主要工作内容如下：栽植乔木约500株，乔木品种包含：丛生朴树、朴树、丛生大叶女贞、白蜡、黑松、大叶女贞、丛生蚕果树、多秆造型榔榆、榉树、栾树、山楂、雪松、枇杷等；栽植灌木球类约400株，灌木球类品种包括：红叶石楠球、金森女贞球、大叶黄杨球、海桐球等；栽植地被约2万m^2，地被品种包括：金镶玉竹、大叶黄杨、红叶石楠、金森女贞、百慕大及满天星草花等；铺装约5000m^2、管道铺设约600m、室外照明灯约2100座、土方开挖约11万m^3、驳岸约350m、排盐约3500m^3、绿化种植土回填约18000m^3等。

3.3 客土改良的总结

回顾徐圩新区十几年的绿化工程建设及土壤改良经验，地下水常水位标高、底层土高度、隔盐层厚度、种植土回填深度、排水是否顺畅等，与植物能否可持续生长息息相关。客土回填配合隔盐改良措施为滨海地区的主要改良方法。在工程建设过程中，其中某一个环节未把关到位都可能导致苗木长势不佳，甚至出现大面积死苗现象，因此在实施过程中，要对项目全过程严格把控。

在各个环节中，最为重要的是地形设计，而排水顺畅与否是实施的关键环节。海绵城市建设措施与排盐、隔盐措施的结合是节省工程造价的亮点，不仅可以解决场地排水问题，还可以通过雨水、淡水滞留方式洗盐，且效果更佳，使得淡水资源得到充分滞留和利用。在有条件实施的工程中，可以充分考虑这一要点，将淡水洗盐与海绵城市建设措施相结合，将排水系统与海绵城市系统相结合，打造可回收利用的淡水净化土壤生态系统，助力生态系统可持续发展。

第4章

原土改良技术与实践

滨海盐碱地盐分的主要成分是氯化钠，钠的吸附比很高，为高矿化度咸水。土壤质地黏重、构造差，通透性也较差，使得土壤一旦饱和，孔隙结构便被破坏，水分入渗困难，盐分难以淋洗，地下水埋深浅还易导致排水困难、盐分上移和表聚严重。

采用原土改良方式，主要是通过土壤改良，打破土壤的团粒结构，构建接近于标准种植土的改良措施。近几年原土改良方式日趋成熟并逐渐在工程上得以应用，徐圩新区通过在原土上进行绿化种植的实践，探索出一些原土改良与种植技术的方法，主要归纳为两种方法：一是中国科学院地理科学与资源研究所采用的微灌水盐调控技术方法；二是水利、化学与生物改良相结合的方法。

4.1
盐碱地改良相关研究

20世纪30年代，以水利措施为主的灌排、防渗等盐碱地改良技术理论初步形成。40年代后期，学者在植物的特性上做研究，充分利用耐盐性植物、种植新技术等措施，初步掌握了不同植物的生理特性对改良土壤盐碱化的作用、地下水位与盐碱地的关系、植物对土壤次生盐碱化的适应性。

国外的研究侧重于大型灌区土壤次生盐碱化的预报防治，在常规改良措施方面的研究取得了很大进展。通过生物手段从植物的角度出发，选育耐盐植物品种在盐碱地种植，以保证作物产量和盐碱地土壤的利用率。另外还通过在盐碱化土壤地区种植防护林来保持水土平衡，进而降低土壤的盐碱化程度。

国内对盐碱地治理的经历较为坎坷，最早是采用单项的措施进行盐碱土改良，后来发展到利用农业、林业、水文的综合措施进行盐碱地改良，改良效率有所提高。随着我国盐碱地改良措施的不断改进，改良经验不断累积，我国的盐碱土改良也已经从最开始的小区域试点治理，发展到大区域规模化综合治理阶段。

我国最早对土壤盐碱化改良和利用的研究是从苏北地区开始的，后来随着我国对土壤盐碱化改良的工作逐年增加，治理盐碱土的措施也在不断改进，农作物的产量也在同步提高。回顾我国盐碱土改良的发展史，20世纪50年代以生物措施改良为主，60年代开始进入利用水资源改良的新阶段，从70年代至今对土壤改良的措施逐步发展为全面系统的综合治理方式。

4.2 场地内外排盐

4.2.1 利用周边河流向外排盐

对于选择的改良地块，利用该地块周边的河流，通过调用淡水不断冲洗的方式排盐，改善该地块的土壤环境，从宏观上入手改善外部条件，在根本上解决土壤中的盐分问题。

4.2.2 采用暗管进行内部排盐

为了保证土壤改良地块中的淡水能够顺利渗入土壤中，在地块的场地内采用铺设暗管的方式，利用地下水的流动将土壤内部的盐分逐步带出来，从而降低土壤含盐量，改善土壤的种植条件。

1. 吸水管系统设计

吸水管坡度依据地块坡度而设置，如果地块坡度与排水方向一致，且大于0.7‰，则按照地块坡度设计吸水管坡度；如果地块坡度与排水方向一致，但坡度小于0.7‰，则选择吸水管坡度在0.5‰～0.7‰之间，尽量取较大值。吸水管坡度最小不应低于0.5‰。

吸水管首端与末端埋深差距最大不超过40cm，当超过40cm时，可调小吸水管坡度。吸水管全段埋深应大于等于50cm，最大埋深不大于250cm。

2. 集水管系统设计

集水管系统坡度方向宜与地表坡度方向一致，重点考虑排水的出口位置、水流方向和间距等因素。

集水管纵断面按照以下标准进行，垂直比例为1：20，纵坡不宜小于0.7‰，纵坡越大越好；当出现吸水管埋深过大的情况时，应进行整体调整，适当减小方案中的吸水管埋深。

根据吸水管的数量和排水量选择集水管管径，集水管管径不宜超过200mm，如果不能满足总排水量的要求，则采取相应措施，一是增加坡度，二是将集水管分段，将出口设置在最低点或增设集水管，形成集水管系统。其中需要注意的是，平行的两根集水管之间的间距设置为5m，最小可为3m。

4.3 原土改良在防护隔离带工程中的应用

徐圩新区疏港大道防护隔离带工程位于纳潮河南岸，总占地面积约500亩，种植土为回填的河道淤泥土，场地设计平均标高为5m，周边道路标高为3.4m，项目性质为化工产业生态隔离带，基于降低工程造价和生态绿化可持续发展的原则，选用微灌水盐调控技术进行原土种植。

4.3.1 可精确控制的滴灌

疏港大道防护隔离带工程的技术难点在于现状土为新回填的河道淤泥土，河道淤泥土含水量大，通透性差，有机质含量低，对于河道淤泥土的改良方式为反复晾晒并旋耕。考虑工程建设周期的要求，以及冬春季的施工特点和气候特点，制定专门的实施方案，结合滨海盐碱地原土绿化微灌水盐调控技术，形成标准化技术体系。

通过精确选定最适宜的滴灌技术和微喷灌灌水器流量或灌溉强度，借助散水介质，创造土壤水分非饱和运动状态并精准控制土壤基质势，以实现水分在盐渍土内的运动能高效淋洗盐分。精准控制水盐运动，抑制地下水盐分上移和表面聚积，保持良好的土壤通气性，维持高的土壤基质势、补偿渗透势，为植物生长创造适宜的环境。不需特意选择耐盐或盐生植物（微咸水/咸水滴灌除外），基本不增加土壤恢复材料，不需要前期土壤修复过程，从而实现在荒碱地原土种植林木、恢复顶级群落环境的目标，绿地植物生长发育旺盛。

疏港大道防护隔离带工程由于特殊的地理位置以及工程的特殊性，在方案前期确认和多次现场调查中，经分析认为其具备原土改良的条件，因此在土壤改良和绿化种植上有很多创新之处，总结起来有以下六大特点：

（1）不需要对滨海盐渍土进行前期改良，土壤处理过程中不添加土壤改良材料，不需要选择专门的耐盐植物，大部分园林绿化植物都能生长。采用“四阶段”（强化盐分淋洗、正常水盐调控、适度非充分灌溉和雨养补充灌溉）滴灌精准水盐调控方法、专门的关键参数确定方法、专门的设计方法等为核心的微灌精准原土水盐调控技术。

（2）树木栽植与水盐调控同步进行，实现了使水分在盐渍土内的连续运动和盐渍土的快速脱盐。增加土壤的基质势，有效补偿因盐分减少而降低的土壤渗透势（溶质势），维持良好的土壤结构，为植物根系呼吸提供必要的土壤通气条件，配套精准滴灌或微喷灌水肥药，结合土壤化学性质调理剂一体化技术，精准提供植物生长所需要的营养物质，调节酸碱度等化学性质。

（3）通过特征点基质势控制来精准控制水盐运动方向，通过在土层以下设置砾石隔离层切断毛管孔隙。除了正常情况下防止盐分向上迁移进入植物根系分布区以外，当遇到极端天气、地下水上升进入根系分布区时，也能很快将盐分调控出去。

（4）精准水盐调控水肥一体化微灌系统可长期使用，遇到干旱天气可补充灌溉，为植物提供水分调节，需要施肥时，则通过该系统进行水肥一体化施肥，需要的操作人员少，自动化程度高，简便易掌握。

（5）盐分淋洗效率高，用水量少，同时也可降低运行管理养护成本，快速形成良好的生态系统（图4-1）。

（6）盐碱地原土微灌水盐调控技术在土壤脱盐、植物成活率、自然出现的地面植物种类和地面植被覆盖率、核算成本上，相比客土造林具有优势。

在改良过程中，通过对用于回填的河道淤泥质土进行定期检测分析，监测在不同时间段内，不同土质、不同土层深度所对应的土壤盐分，并在植物栽植后继续监测植物成活率、发芽率、地被植物覆盖率等指标，依据设定的评估标准，评估该原土绿化技术在河道淤泥土绿化中的应用效果，进行成本核算，与客土绿化成本进行对比。

主要研究内容：当回填种植土为河道淤泥土时，该原土绿化技术在土壤处理、树种选择及栽植、灌溉系统设计等具体流程中的相关工艺，同时也包括土壤脱盐、植物成活率、自然出现的地面植物种类和地面植被覆盖率等方面的功效。

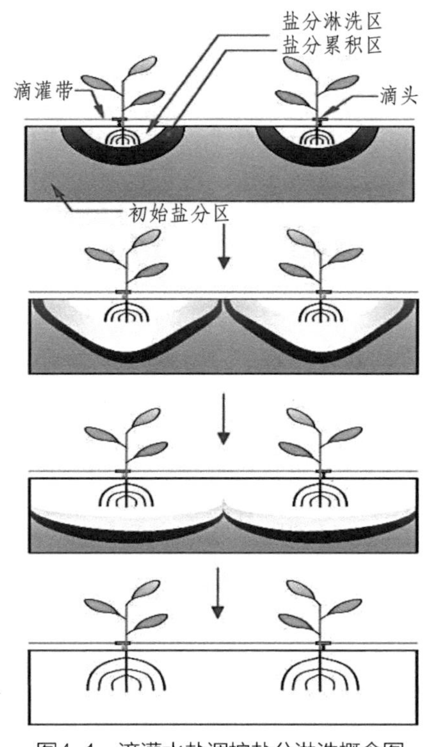

图4-1　滴灌水盐调控盐分淋洗概念图

4.3.2　土壤处理及施工工艺

根据绿化种植苗木类型特点和绿化区域浅层地下水埋深现状，同时充分考虑营造适宜的土壤水分、养分空间和后期储蓄利用雨水降低管理养护成本等，直接取河道淤泥土，要求乔木的土层厚度为1.5m以下，灌木的土层厚度为0.9m以上，匍匐灌木和草花的土层厚度为0.5m以上，种植土层下设厚度为10cm的砾石隔离层，并在砾石隔离层末端布置排水管道，用于排出砾石隔离层中的水盐。

1. 原土开挖晾晒

将场地划分为若干区块，分段开挖，使开挖底面形成双向坡降地形，保证顺坡降排水流畅，将开挖出的淤泥土堆放在未施工区域进行晾晒。

2. 隔离层铺设和排水排盐管安装

在开挖面的底部，先铺设鱼鳞布，鱼鳞布按照设计要求打孔，再铺设2层竹笆，然后铺设砾石层，厚度为10cm，然后在砾石层上再铺设砂子层，厚度为5cm，构成砾石隔离层。在砾石层末端，根据排水、排盐需求，每隔20m布置排水渠道一处，具体做法为在坡降末端安装排水管或开挖明沟。盐碱地原土土壤处理及砾石隔离层铺设示意图如图4–2所示。

图4-2　盐碱地原土土壤处理及砾石隔离层铺设示意图

3. 原土旋耕破碎

对晾晒的盐碱地，用旋耕机进行旋耕破碎，使盐碱地原土中的大土块破碎为较小的土块。

4. 原土回填整平

将旋耕破碎的盐碱土回填到砾石隔离层上面，回填厚度按照乔木和灌木要求的种植土厚度，回填结束后，平整种植面。

4.3.3　隔离层和排水、排盐层

1. 隔离层

隔离层的主要作用是切断毛管孔隙，防止非充分灌溉的第三阶段和雨养补充灌溉后形成高矿化度，避免地下水随毛管水上升进入根系分布区，对植物造成伤害。

2. 隔离层具体做法

根据工程现状土壤和地下水及周边河流水文等条件，本试验地块采用5cm厚的砂层（中砂或中砂以上粒径的砂子）+10cm厚的砾石层（粒径3 ~ 5cm）+2层竹笆+

1层鱼鳞布作为原土隔离层，如图4-3所示。其中竹笆和鱼鳞布的主要作用是锚固回填的现状淤泥质底部土壤。为使隔离层上下土壤生态连通且排水通畅，设计鱼鳞布每间隔10m打孔一处，孔径为50cm，如图4-4所示。

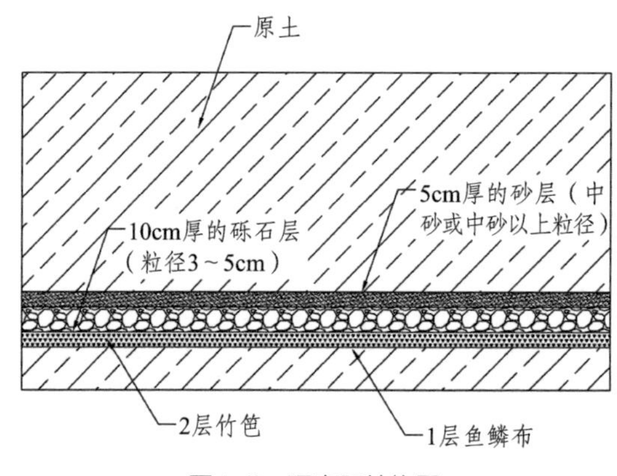

图4-3　隔离层结构图

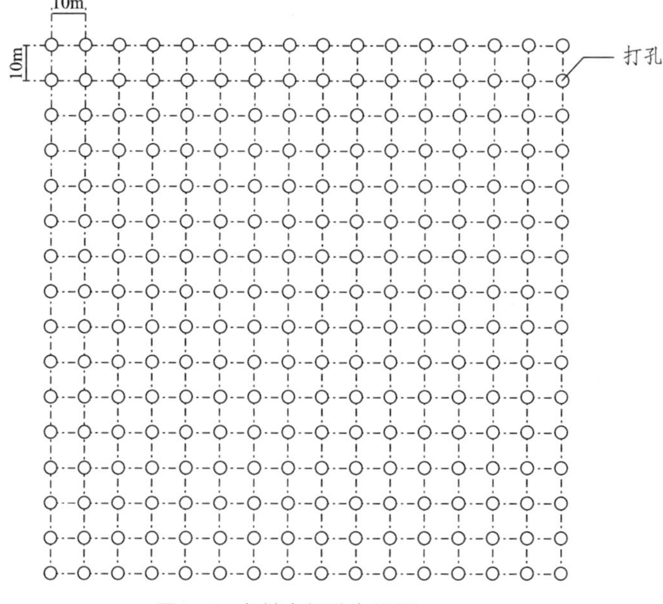

图4-4　鱼鳞布打孔布置图

3. 排水、排盐设计

综合考虑整个试验地块的排水需求，合理设置场地坡降，使得片区排水均排至区域外河流，并在区域内每间隔一段距离设置与隔离层连通的排水、排盐通道，可为明沟，也可铺设宽为1.5m的砾石隔离层+排水管的暗排通道，如图4-5所示。

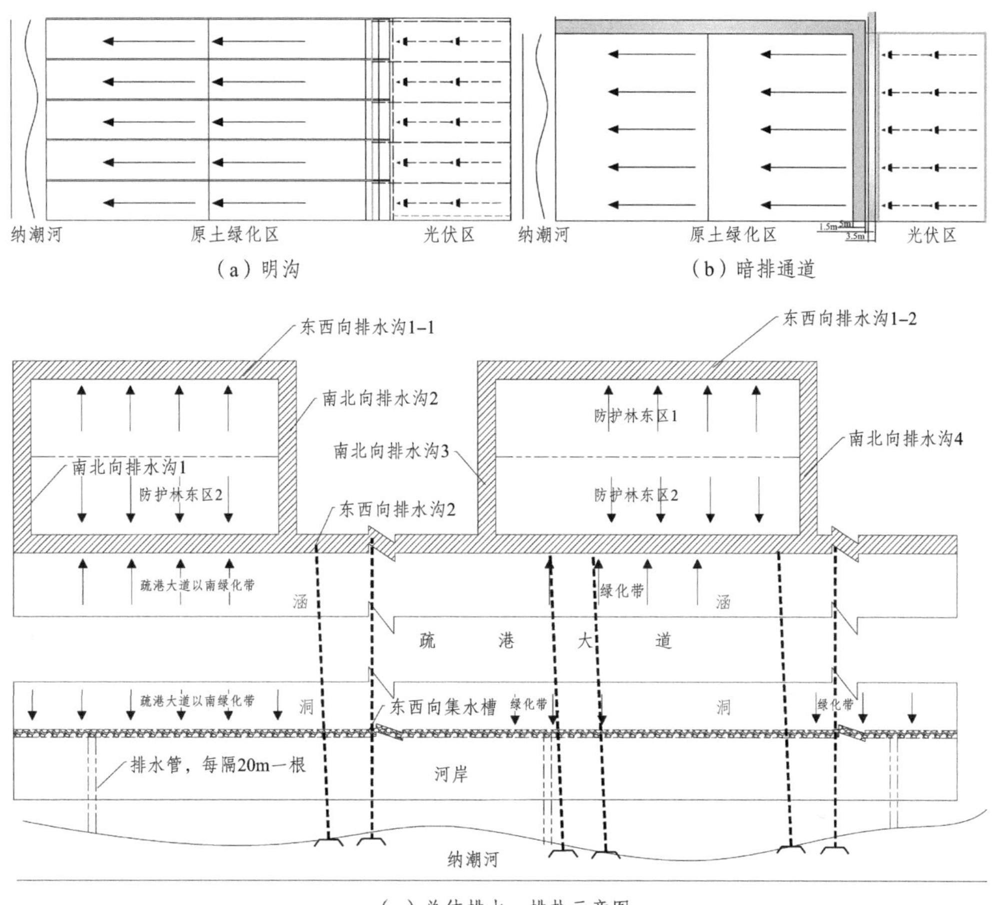

图4-5 整体与局部排水设计

4.3.4 树种选择与栽植工艺

本试验地块选择旱柳、中山杉、木槿、花石榴、盐蒿等乡土适生树种，合理搭配群落立体结构，构建生态系统稳定、生物多样性丰富的隔离带体系（表4-1）。

本项目绿化种植苗木表（部分） 表4-1

序号	植物名称	规格（cm）			数量（株）	备注
		胸径	高度	蓬径		
1	旱柳（雄株）	8 ~ 10	350 ~ 450	200以上	15000	全冠、主干挺直、分枝点2 ~ 2.2m、三级分枝、形态优美（3m×3m），三角支撑

续表

序号	植物名称	规格（cm）			数量（株）	备注
		胸径	高度	蓬径		
2	中山杉	8 ~ 10	400 ~ 500	200以上	12000	全冠、主干挺直、分枝点2 ~ 2.2m、三级分枝、形态优美（2.5m×2.5m），三角支撑
3	木槿	—	150 ~ 180	100以上	11200	丛生粉花、全冠、形态优美（2m×2m）
4	花石榴	—	120 ~ 150	80以上	10200	形态优美（2m×2m）
5	盐蒿	—	—	—	5000	籽播（水沟边坡、绿化缓冲带），15g/m^2

苗木种植包括树穴开挖、苗木栽植和栽植后处理等（图4-6）。具体工艺如下所述。

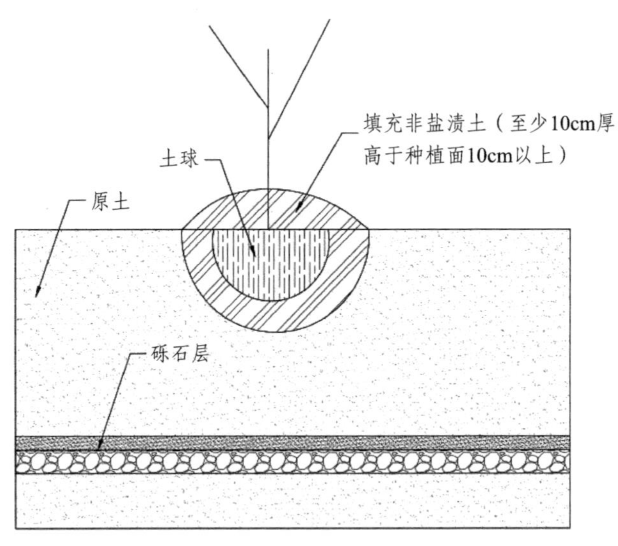

图4-6　苗木种植示意图

1. 树穴开挖

根据采购苗木的土球规格大小，开挖树穴大小，树穴垂直深度至少大于土球厚度10cm，树穴水平宽度与土球的空隙至少为10cm，对于裸根苗，同样要使裸根外围至少留有10cm的空隙。

2. 苗木栽植

考虑到盐碱地水分饱和后不透水透气，会影响根系生长，种植前，先在树穴底部填充厚度10cm左右的非盐渍土，然后放入苗木，再用非盐渍土填充根系四周的缝隙，使其将树穴根部填充起来，并且至少高于种植面10cm，要保证树穴沉降后不会低于种植面成为低洼地。

3. 栽植后处理

苗木种植完后，所有种植区都需要用耙子整平。对于栽植过程中踩踏严重或被运输机械压实的地方，要进行松土处理和耙平，减小其对水盐调控的影响。

4.3.5 微灌水盐调控灌溉系统设计

该地块主要采用微灌水盐调控灌溉系统，系统主要由首部枢纽（水泵、首部系统、过滤系统、注肥系统等）、干管、分干管、支管、闸门、灌浆装置等构成，由阀门来控制系统灌溉。干管和分干管使用PVC管，支管则使用PE管，均埋设于地底。毛管采用盐碱地造林的滴灌带，通过滴灌带上的灌水器将水、液体肥料及土壤化学性质调理剂按小流量、长时间、高频率的方式供应到植物根系分布范围土壤中。

通过对该地块土壤现状取样化验、检测和调查分析，总结土壤的平均含盐量为10g/kg，随着土层深度增加，含盐量呈上升趋势，高达20g/kg；pH在7.9～9.6之间，土壤的有机质含量低于1%，随着土层深度增加，有机质含量甚至低于0.5%。土壤中含氮、磷量低，含钾量高，钙及微量元素更少。现状土壤的物理性状差，属于黏质土，饱和泥浆提取液电导率：0～40cm土层ECe均值为17.44dS/m，pH均值为8.48，0～100cm土层ECe均值为18.95dS/m，pH均值为8.45，属于极重度滨海盐渍土。土壤在0～40cm土层中总空隙率为51%～61%，非毛管孔隙所占比例较小，毛管孔隙比例较多，最大差异比为1：23，使土壤入渗率低，不利于雨水渗透，淋洗困难，而水分蒸发过快，容易造成返盐。此外，现状区域属于半湿润的海洋气候，水分的蒸发量接近降雨量的2倍，气候条件较差，早春寒潮易造成植物长势不良。当地下水位较高时，矿化度为5g/L左右，容易造成内涝及土壤板结，影响植物生长。

1. 首部枢纽系统设计

首部枢纽系统包括四套系统（图4-7）：

第一套系统为恒压供水及监测和安全系统，包括由增压泵和变频器等组成的恒压供水系统、各类仪表（水表和压力表等）和止回阀等，保证为系统提供恒压水源，监测系统运行状况和防止水流倒流等。

第二套系统为控制系统，包括首部系统启动控制器、土壤墒情监测负压计、有调压功能的田间灌溉阀门。根据植物不同生育期的土壤墒情条件，设置土壤墒情下限，当管理人员发现土壤墒情降低到下限时，启动水泵和首部系统启动控制器开关，按照轮灌制度和灌水时间依次打开或关闭每次轮灌的小区阀门，轮灌结束后关闭控制器开关。

第三套系统为过滤系统，采用自清洗过滤系统，只进行一级过滤。

第四套系统为注肥（液体土壤理化性质调理剂）系统，是采用以水动注肥泵为核心组件的精准注肥系统，在注肥过程中肥料浓度和土壤调理剂均匀且可调。该注肥系统可从不同营养元素的肥料和土壤调理剂罐中吸入所需的液体肥料和土壤调理剂，保证精确施肥和土壤调理剂施加。

图4-7　首部枢纽系统示意图

2. 管网设计

根据干管管线布设距离、水泵的高效运行以及不同类型苗木分区种植的特点，进行水力学的优化设计，从投资费用和运行费用的角度，对管网布置设计方案进行比较、优化。再考虑绿化带结构和植物类型，其主体为乔木和灌木植物带，边缘为草本植物带。乔木和灌木植物带用精准滴灌水盐调控技术，草本植物带用精准微喷灌水盐调控技术。

（1）相关设计参数如表4-2所示。

管网设计相关参数　　表4-2

设计参数	精准滴灌水盐调控系统	精准微喷灌水盐调控系统
设计灌水均匀度（灌水器流量偏差）	≤ 20%	≤ 20%
高峰期耗水量（mm）	6	6
设计灌水器操作压力水头（m）（正常使用阶段）	10	10
设计灌水器流量（L/h）	1.38	70
设计灌水器间距（cm）	20	300
设计灌溉保证率	不低于 95%	不低于 95%

（2）灌溉区轮灌组划分：根据每种树木或种植方式的耗水量不同，单独划分灌水单元。根据首部系统的供水量，确定灌水单元数量，划分轮灌组。本试验地块划分为若干灌溉区，每个灌溉区有一套独立的灌溉系统，每个灌溉系统有24个灌溉单元，分7个轮灌组，即分7次灌完。

（3）管网水力设计：根据场地地形、土壤条件、林木种植规格及林木需水量，应用《微灌工程技术标准》GB/T 50485—2020附录B.2的方法进行本试验地块滴灌系统毛管、支管、分干管、干管等各级管网的水力计算，确定各级管网参数及轮灌制度。计算结果如下：毛管选用盐碱地造林专用滴灌带，毛管间距按照水盐调控第一阶段设计，为30cm。滴灌带的参数包括：外径为16mm，壁厚为0.4mm，滴头间距为20cm、流量为1.38L/h。根据本项目林带种植的特点，滴灌带沿树木栽植的水平方向布置。草本带的毛管间距按照水盐调控第一阶段设计，总体为3m。毛管的参数包括：外径为32mm（DN32mm），公称压力为0.4MPa；微喷头间距为3m、流量为70L/h。根据本项目林带种植的特点，滴灌带（滴灌毛管）沿树木栽植的方向布置，微喷毛管（DN32mmPE管）沿绿化带的方向布置。支管和二级支管：支管布置在地表，支管选用DN50mmPE管，公称压力为0.4MPa；二级支管选用DN50mmPE管，公称压力为0.4MPa。干管和分干管：干管采用DN250mmPVC管和DN110mm

PVC管，公称水压为0.6MPa。分干管采用DN75mmPVC管，公称水压为0.6MPa。干管和分干管的埋深为60cm或以上（根据地面具体情况确定）。

管道水头损失计算与系统设计水头：管道的水头损失包括沿程水头损失和局部水头损失。具体计算采用《微灌工程技术标准》GB/T 50485—2020附录B.2的方法，与管网水力设计一起进行。

3.“四阶段”精准水盐调控及水肥、调理剂一体化灌溉

试验地块采用滴灌水盐调控盐碱地原土绿化技术，该技术有详细完整的操作步骤，每个阶段都通过对土壤进行盐分监测、判断、评估来调整技术环节，水肥药和土壤化学性质调理剂一体化灌溉均根据埋设的多点位土壤墒情监测负压计所设定的阈值来实施，技术实施过程有标准的规范、详细的参数和训练有素的技术管控人员，保证了项目实施的标准化和高效化。在水盐调控灌溉阶段，水肥一体化技术可及时补充树木生长所需的营养元素，对土壤酸碱度通过施用液体调理剂进行调节，保证苗木的正常旺盛生长。在后期正常管理养护阶段，则通过该技术进行一体化施肥，需要的操作人员少，自动化程度高，简便易掌握。

（1）“四阶段”精准水盐调控灌溉方法。

第一阶段：强化淋洗阶段。根据土壤实际入渗情况确定适宜的滴头流量，以地面不出现大面积明水为准则，进行连续或间歇灌溉，并确定适宜的灌水时间，使水分持续向水平和垂直方向运动，将盐分淋洗到土层一定深度和根区外围。

第二阶段：常规淋洗阶段。强化淋洗阶段完成后，转入常规的盐分淋洗阶段，此阶段灌溉由负压计指导管理，并设定了较高的土壤基质势控制阈值，保证盐分持续快速淋洗，同时也为栽植苗木的缓苗提供适宜的水分条件。

第三阶段：精准适度水分亏缺水盐调控阶段。经过前两个阶段的持续快速脱盐降碱后，将特征点土壤基质势调整控制为适当的阈值，保证土层中剩余的很少的盐分持续向下运动，同时促进根系向深、向宽发展。

第四阶段：雨养补充灌溉阶段。尽管当地降水量较多，但一方面因降雨在一年中分布不均，另一方面干旱天气经常出现，为了保证绿化植物正常生长，有良好的景观效果，在干旱少雨季节，当土壤水分不能完全满足林木生长需要时，利用该技

术安装的精准滴灌水肥一体化系统进行补充灌溉，保证绿化树木或草坪等可持续旺盛生长。

（2）精准水盐调控及水肥、调理剂一体化灌溉实施。

专业人员依据特征点土壤基质势（墒情）监测、土壤盐分监测、精准水肥和土壤化学性质调理剂一体化灌溉技术，按照“四阶段”灌溉方法进行灌溉。

第一年分两个步骤：第一步强化淋洗，第二步正常盐分淋洗。灌溉和施肥、精准水盐调控灌溉、各种营养元素的施用、土壤化学性质调理等，严格按照精准水盐调控和水肥土壤调理剂一体化技术的基本要求实施。

第二年进入水盐调控的第二阶段后期、第三阶段和第四阶段，严格按照土壤墒情监测负压计的读数进行灌溉，根据监测的土壤盐分确定进入每个水盐调控阶段的具体时间节点，根据监测的土壤养分和pH，制定施肥和土壤理化性质调理剂施用计划，并严格按照要求执行。

4.3.6 实施效果

为保证技术实施达到预期的土壤盐分淋洗与控制效果，制定了详细的土壤脱盐效果监测、树木成活和生长监测、地面植被自然萌发出苗和生长状况监测等土壤和植物的定期监测方案，确定了检测标准、检测方法、检测时间、频次等内容。

1. 特征点土壤基质势（墒情）监测

在绿化种植区域的不同类型区，各选择3个（面积较小时选1个）代表性的地点，在每个点附近的特征点（滴头正下方20cm深度和50cm深度）埋设表盘式（真空表）负压计（图4-8），实时监测土壤基质势（墒情）信息，负压计由管理人员人工观测。

2. 土壤盐分监测

水盐调控初期，采用盐分原位测定仪器每隔一段时间测定土壤盐分（图4-9），定期取土样用饱和泥浆提取液法测定饱和泥浆提取液的电导率ECe和pH，为水盐调控提供科学依据。

本试验地块共两年管理养护期，期间需持续进行土壤取样和分析化验，第一年取样4次，第二年取样2次。每套首部控制单元内，在东西南北4个方向，每个方向每次取3个点，一共12个点；每个点水平取样8处，垂直取样7处。

图4-8　负压计埋设示意图及现场图

图4-9　定期取土样并测定土壤盐分

3. 土壤脱盐效果取样监测

（1）在强化淋洗阶段，每天随机选点，用原位盐分测定仪器监测0～20cm深度土壤的盐分变化。

（2）植物栽植10天、1个月、6个月及1年后，取样调查土壤盐分变化，每一批每个树种选择3个点，取样深度与土层厚度相同，分析不同深度土壤脱盐率。土壤盐分评价指标如表4–3、表4–4所示。

（3）植物栽植2年后的4月、8月和年底，取样调查土壤盐分变化，每一批每个树种选择3个点，取样深度与土层厚度相同，分析不同深度土壤脱盐率。土壤盐分评价指标如表4–5所示。

植物栽植10天后土壤盐分评价指标　　表4–3

土层深度（cm）	土壤盐分（土壤饱和泥浆提取液电导率ECe）			
	初始值	栽植10天后	评估标准	
			原土盐分为Ⅲ级以上	原土盐分为Ⅲ级以下（包含Ⅲ级）
0～5	16.45	1.22	降低到Ⅰ级	降低到Ⅰ级
5～10	17.44	1.56	降低到Ⅱ级	降低到Ⅰ级
10～15	14.15	3.01	降低2个等级	降低1个等级
15～20	13.23	2.77	降低1个等级	降低1个等级

植物栽植6个月后土壤盐分评价指标　　表4–4

土层深度（cm）	土壤盐分（土壤饱和泥浆提取液电导率ECe）	
	原土盐分为Ⅲ级以上	原土盐分为Ⅲ级以下（包含Ⅲ级）
0～10	降低到Ⅰ级	降低到Ⅰ级
10～30	降低到Ⅱ级以下（包括Ⅱ级）	降低到Ⅰ级
30～50	降低2个等级	降低1个等级
50～60	降低1个等级	降低1个等级

植物栽植2年后土壤盐分评价指标 **表4-5**

土层深度（cm）	土壤盐分（土壤饱和泥浆提取液电导率ECe）	
	原土盐分为Ⅲ级以上	原土盐分为Ⅲ级以下（包含Ⅲ级）
0 ~ 30	降低到Ⅰ级	降低到Ⅰ级
30 ~ 60	降低到Ⅰ级	降低到Ⅰ级
60 ~ 90	降低到Ⅱ级以下（包括Ⅱ级）	降低到Ⅰ级
90 ~ 120	降低到Ⅱ级以下（包括Ⅱ级）	降低到Ⅱ级以下（包括Ⅱ级）

注：Ⅰ级：ECe≤4dS/m；Ⅱ级：4dS/m<ECe≤8dS/m；Ⅲ级：8dS/m<ECe≤12dS/m；Ⅳ级：12dS/m<ECe≤16dS/m；Ⅴ级：ECe>16dS/m。

4. 树木成活及生长情况监测

（1）根据具体树种，栽植10天、1个月后，调查树木发芽情况，在苗木进场时进行剪枝疏叶的树种是否恢复生长，在进场时未进行修剪疏叶的苗木生长成活情况。每一批造林区逐行逐棵检查和记录。

（2）栽植2个月、6个月及1年后，调查树木成活和生长状况，包括成活率、新枝生长量、冠幅等。成活率调查应对每一批造林区逐行、逐棵进行检查和记录，新枝生长量和冠幅等调查每一批每个树种随机选择25株。

（3）栽植2年后的春天检查树木的保存率，10月份调查生长量和冠幅等。保存率调查应对每一批造林区逐行、逐棵进行检查和记录，生长量和冠幅等调查每一批每个树种随机选择25株。该试验地块的实施效果图如图4-10 ~ 图4-14所示。

图4-10 滴灌带铺设

图4-11 负压计监测

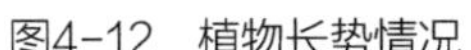

图4-12　植物长势情况

图4-13　周边河道

图4-14　内部排盐水系

4.4

原土改良在苗圃试验田的应用

原土改良地块位于徐圩新区北部的刘圩港河南岸，为刘圩港河苗圃试验田，试验田面积约6.67万m^2（100亩），地块平均高程3.2m。

高程在2.5～3.0m的地块上自然生长的植物为盐蒿，土壤地表以下全盐含量分层检测结果如表4-6所示。

高程在2.5～3.0m的地块土壤地表以下全盐含量分层检测结果　　表4-6

地表以下深度（cm）	0～20	40～50	80～100	120～150	种植土标准
全盐含量（%）	0.7～0.9	1.0～1.2	1.5～1.7	1.7～2.0	0.1～0.3

高程在3.0～4.5m的地块上自然生长的植物为芦苇，pH（水土比为2.5：1）平均值为8.82，有机质含量为6.58g/kg。土壤地表以下全盐含量分层检测结果如表4-7所示。

高程在3.0～4.5m的地块土壤地表以下全盐含量分层检测结果　　表4-7

地表以下深度（cm）	0～20	40～50	80～100	120～150
全盐含量（%）	0.3～0.4	0.5～0.7	0.7～1.0	1.0～1.2

改良前原状地块上仅分布零星的芦苇、盐蒿等少量原生植物，由于盐分过大，该地块内常年斑秃，无植被覆盖。由于临海地理环境复杂、气候多变，生态系统脆弱，潮汐导致海平面反复上升，土壤长期受盐碱浸泡。植物在这样的环境下若能保

证正常生长，技术难点包括排水、给水浇灌、苗木品种选用（耐盐、防风、耐寒、耐旱、耐瘠薄）和土壤改良剂的调配。

4.4.1 种植具体实践步骤

分地块进行对比试验，通过试验分析不同施工工艺在各环节中的作用，以选择最优的土壤改良与种植施工工艺。试验田改良前土壤现状图如图4–15所示，试验田植物生长原状图如图4–16所示。

在试验田中，采取挖水池、疏通水系、地形平整、深翻土地、土壤调节剂和水肥一体的养护管理全方位措施，通过栽植细部对比试验，采用不同乔灌草的栽植方式，包括乔木（中山杉、旱柳、乌桕、耐盐木槿、红叶石楠球）种植、红叶石楠扦插、农作物种植等，完成土壤改良及植物种植全过程试验。

试验田规格为15m × 36m，共20块。每个地块间设宽2m、深2m、长36m的排盐水沟，试验田具有土壤底子薄、排水不畅、盐碱易返的特点，在试验之初重点考虑场地排水，再对每个地块选用不同的方案实施排盐、增加营养的措施，经对比并选出最优方案。创新地采用排灌方式，结合水肥一体化的自动喷灌系统，以控制整个场地并实现排水顺畅，浇灌水量精准到位。

图4–15 试验田改良前土壤现状图

栽植区域的地下措施包含4种方案，种植设计包含多个品种，1～4号地块扦插红叶石楠，5～9号地块种植红叶石楠球，10～13号地块种植乌桕。具体实施措施如图4-17～图4-20、表4-8所示。

（a）原状航拍照片　（b）原状照片

（c）原状芦苇　（d）原状盐蒿

图4-16　试验田植物生长原状图

（a）方案一：地上无纺布铺设　（b）方案二：半地下无纺布袋栽植

（c）方案三：地下石子淋盐层铺设　（d）方案四：地下农用膜铺设

图4-17　红叶石楠球栽植区域地下措施

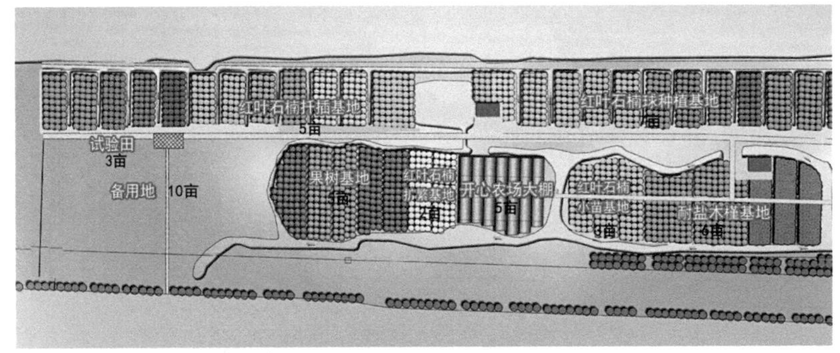

图4-18　试验田平面布局图

图4-19　试验田效果图

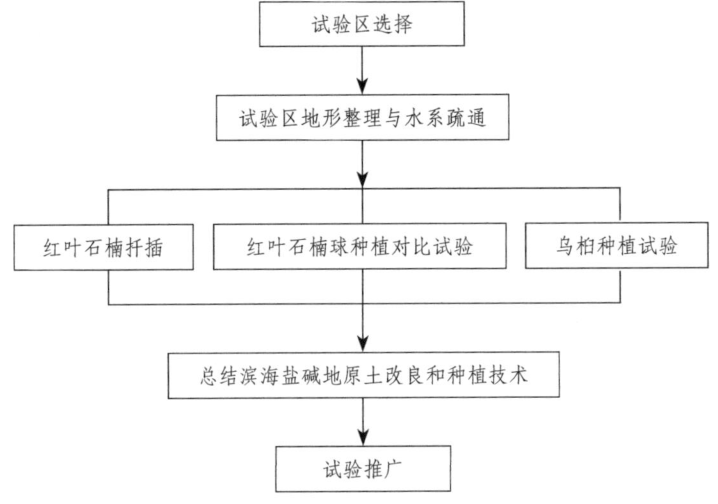

图4-20　苗圃地种植研究路线图

试验田改良措施对照表　　表4-8

<table>
<tr><th>地块编号</th><th>试验目标</th><th>种植品种</th><th>改良措施</th><th>掺拌物料</th></tr>
<tr><td>1</td><td rowspan="4">不同地下处理方式－隔盐、非隔盐措施对比土壤改良效果</td><td rowspan="4">红叶石楠扦插</td><td>措施1</td><td>施用土壤调节剂，对浅表层土壤喷施50mL/hm²，勾兑1：10000的淡水稀释滴灌，第一次滴灌深度为50cm；施用牛粪有机肥5kg/m²</td></tr>
<tr><td>2</td><td>措施2</td><td>施用1500kg/hm²钾肥作为土壤底肥，第10天后追施800kg/hm²氮肥，第一次滴灌深度为50cm；施用牛粪有机肥5kg/m²</td></tr>
<tr><td>3</td><td>措施3</td><td>施用1500kg/hm²钾肥作为土壤底肥，第10天后追施800kg/hm²氮肥，无滴灌措施</td></tr>
<tr><td>4</td><td>措施4</td><td>原状土，仅进行场地平整，保证场地内无积水</td></tr>
<tr><td>5</td><td rowspan="5">1. 地表50cm种植层多种隔盐处理方式和未处理对比；
2. 栽植方式对比</td><td rowspan="5">80cm×60cm红叶石楠球</td><td>措施1</td><td>在地上部分设隔盐无纺布，红叶石楠球用原土种植于60cm×80cm的无纺袋中</td></tr>
<tr><td>6</td><td>措施2</td><td>下挖30cm，将红叶石楠球用原土种植于60cm×80cm的无纺袋中，土球有一半处于地上部分，另一半处于地下部分</td></tr>
<tr><td>7</td><td>措施3</td><td>在地下部分60cm处铺设20cm厚的石子淋盐层+无纺布，挖坑50cm×50cm，土球完全栽植于地下</td></tr>
<tr><td>8</td><td>措施4</td><td>在地下部分60cm处铺设农用膜，挖坑50cm×50cm，土球完全栽植于地下</td></tr>
<tr><td>9</td><td>措施5</td><td>地下部分未做处理，仅进行表层30cm土壤翻耕，挖坑50cm×50cm，土球完全栽植于地下</td></tr>
<tr><td>10</td><td rowspan="4">地表30cm翻耕施肥、施调节剂等处理方法，栽植乔木</td><td rowspan="4">胸径4cm乌桕</td><td>措施1</td><td>土壤翻耕后，施用土壤调节剂，对浅表层土壤喷施50mL/hm²，勾兑1：10000的淡水稀释滴灌，第一次滴灌深度为50cm；施用牛粪有机肥5kg/m²</td></tr>
<tr><td>11</td><td>措施2</td><td>土壤翻耕30cm深度后，施用1500kg/hm²钾肥作为土壤底肥，第10天后追施800kg/hm²氮肥，施用牛粪有机肥5kg/m²，第一次滴灌深度为50cm</td></tr>
<tr><td>12</td><td>措施3</td><td>土壤翻耕30cm深度后，施用1500kg/hm²钾肥作为土壤底肥，第10天后追施800kg/hm²氮肥，无滴灌措施</td></tr>
<tr><td>13</td><td>措施4</td><td>土壤翻耕30cm深度后，仅进行场地平整，保证场地内无积水</td></tr>
</table>

4.4.2 试验田施工具体步骤

1. 设定水系

设定洪水要素重现期为10年，设置四级排盐水系。一级排盐水系，在地块中心区域设置深度为1.2 ~ 1.5m、宽度为2.5 ~ 3m的深沟（截盐沟）；二级排盐水系，在主园路一侧设置深度为0.8 ~ 1m、宽度为1.5m的浅沟；三级排盐水系，种植区域内次园路两侧设置深度为0.5m、宽度为1m的浅沟（常规情况下无水）；四级排盐水系，结合常规的农田起垄方式，设置深度、宽度均为0.3m的沟，用常规的农田漫灌方式压盐，可在短时间内达到迅速洗盐的效果。

2. 蓄淡水

滨海地区地势平坦、标高低、缺土严重。为解决这一问题，通常在场地中间选取地块，进行取土开挖蓄水池、围埝以蓄水。由于滨海盐碱地淡水资源严重短缺，需要充分利用雨水资源，在进行蓄水、挖塘、取土时，维持原地土方平衡。同时，也可以充分利用淡水资源解决部分浇灌问题。

3. 地形平整

要达到土壤脱盐程度均匀，平整土地是一个很关键的步骤，平整土地时能够将雨水与灌溉过程中得到的水分均衡下渗，从而增加淋洗盐分效果，并减少盐分在局部的聚积。地形平整不仅有利于植株统一灌溉生长，也可以平衡苗圃地植株的长势。需要注意的是，在平整土地时，需要带坡平整，以满足自然排水坡度（以0.1%~ 0.3%为宜）。场地平整施工现场如图4–21所示。

4. 浅表层翻耕

在挖水池、疏通水系、地形平整后，再通过深翻土地，疏松地表30cm土层，进行自然晾晒、冬季冻融、夏季灌水浸泡并旋耕，以达到土块破碎的目的。可耕作的土，粒径需在5cm以内，以此截断细毛管，降低水分蒸发率，提高土层孔隙率，改善土壤内部结构，增强土层的透水性和持水性，从而提高土壤洗盐和防止返盐的效果。现场取样、开沟、翻耕、旋耕现场如图4–22、图4–23所示。

图4-21　场地平整施工现场

（a）原状取土化验

（b）冬季原状照片

（c）开沟挖渠

（d）原土翻耕

图4-22　现场取样、开沟、翻耕

（a）原土旋耕开沟

（b）原土旋耕

图4-23　开沟、旋耕现场

5. 调节剂运用及植被覆盖

盐碱地经过四个步骤的整理后，调节剂的运用是在短时间内迅速改良土壤的重要环节。本试验地块中，根据土壤的基本指标采用自制的降盐、降碱调节剂，加水勾兑50mL/亩的调节剂，土壤改良深度为表层以下40cm，实现短时间内覆绿的效果。

利用草本类植物根系生长迅速、可覆盖地表的特点，来达到土壤控盐控碱的目的；同时选择耐盐碱的植物，如田菁、玉米等作为第一批大面积绿肥改良植物。同时试验直接种植乔木，同步观测植物生长情况。

6. 地下水测定

利用试验田内的水塘，于2021年3月—2022年10月期间，定期观察其水面深度。

从观测的结果来看，地下水位平均值为2m，其中枯水期的地下水位在1.5m左右，丰水期的地下水位在2.8m左右。

4.4.3 栽植方式对比

栽植方式分为三种：乔木、球类和地被扦插。通过不同地下部分处理措施的对比，寻找适宜的土壤改良方式以及满足植物正常生长需要的地下部分处理措施。对比不同措施的植物长势情况和地下部分处理措施，从经济角度寻找最优组合。

1. 红叶石楠球栽植

通过对试验田进行地形改造，监测在不同措施下沟垄的水盐动态和不同种植穴内的水盐动态，观测同种苗木的成活和生长情况，试验探寻最适宜滨海原状土绿化植物生长的栽植、地下隔盐施工工艺。主要研究内容包括：地表50cm种植层多种隔盐处理方式和未处理对比；栽植方式对比。具体如图4-24～图4-26所示。

（a）铺设农用膜

（b）回填种植土

（c）现场照片

图4-24 农用膜铺设过程

(a) 土工布层

(b) 碎石层

(c) 施工现场照片

图4-25　地下土工布层、碎石层铺设过程

(a) 方案一：栽植长势情况

(b) 方案二：栽植长势情况

(c) 方案三：栽植长势情况

(d) 方案四：栽植长势情况

(e) 方案五：栽植长势情况

(f) 种植试验区全貌

图4-26　红叶石楠球栽植现场

方案一：在地上部分铺设隔盐无纺布，将红叶石楠球用原土种植于60cm×80cm的无纺袋中，种植间距1.2m×1.2m；

方案二：下挖30cm土层，将红叶石楠球用原土种植于60cm×80cm的无纺袋中，土球有一半处于地上部分，另一半处于地下部分，种植间距1.2m×1.2m；

方案三：在地下部分60cm处铺设20cm厚的石子淋盐层和无纺布，挖50cm×50cm的坑，将红叶石楠球的土球完全栽植于地下；

方案四：在地下部分60cm处铺设农用膜，挖50cm×50cm的坑，将红叶石楠球的土球完全栽植于地下；

方案五：地下部分未做处理，仅进行表层30cm土壤翻耕，种植红叶石楠球。

2022年5月20日，5块试验田同时栽植红叶石楠球，栽植时在土球根部和水围处施用牛粪有机肥3kg/株；5月21日根据石楠球栽植位置安装滴灌管，并根据石楠球位置开孔滴灌，将5块试验田同时滴灌浇水，灌水量相同，下渗至土层60cm处关闭水阀。对照各方案的渗水速度，对比结果如下：方案一渗水最快，方案二和方案三渗水比较快，方案四和方案五最慢。

从试验地块的外渗水中明显看到白色盐硝外渗，测土层60cm深处土壤含盐量：方案一因无纺布有膜层，土表下并未发生明显变化；方案三和方案四地下60cm处在隔盐层位置土壤含盐量达1.2%，表层20cm土壤中含盐量为0.4%，土壤中盐分下降迅速；方案二和方案五地下60cm处含盐量为0.96%，表层20cm土壤中含盐量为0.6%。

2022年6月20日，红叶石楠球出现大面积落叶情况，其中方案二和方案五地块落叶量为70%，方案三和方案四地块落叶量为50%，方案一地块落叶量为20%。在短时间内，土球种植高于周边地块的红叶石楠球长势良好，土球埋于地下与周边土混合的，在受到周边盐碱土影响后，在一个月内出现落叶现象。

2022年8月20日，红叶石楠球落叶枝条重新发芽，根部出现新生根。从田间观察看，方案一地块苗木生长缓慢，生根量偏少，地上部分土球极易干，叶片出现缺水现象，浇灌用水量大；方案二和方案五地块苗木缓苗期结束，生根发芽生长迅速；方案三和方案四地块苗木生长最为旺盛，新根系外扩生长。

2022年11月20日，经过半年的观察，红叶石楠球的长势已经区别出来，其中方案一地块长势较差，根系生长缓慢，方案二地块长势一般，其他地块由于场地内无积水，长势均良好。

根据地块处理的方式不同，可以明显区别出植物的长势情况，其中方案一和方案二地块的红叶石楠土球未完全覆盖在地面下，虽在短期内表现良好，但通过长期观测发现，由于不能充分接触原状土层，土壤的保水性较差，且邻近海边长期风速较大，极易带走水分，导致植物长势受影响。而经过隔盐处理的地块植物长势旺盛，处于正常生长状态，新根生长良好，植物叶片生长旺盛，由原来的80cm球状生长成1m蓬径。未采取隔盐措施的地块，前期长势不良，后期经过土壤调节剂的使用已恢复自然生长。

2. 红叶石楠扦插

红叶石楠扦插对土壤含水量要求较高，土壤的含盐量必须满足0.1%以下，在原状土含盐量在0.8%～1%的情况下，如何快速降低土壤中的含盐量成为难点。为验证自制的土壤调节剂和植物生长调节剂在红叶石楠扦插中起到的积极作用，试验设计了三种方案，在常规的土壤30cm疏松和灌杯后，方案一采用原土灌杯+淡水漫灌+生根剂的方式进行红叶石楠扦插；方案二采用原土灌杯+漫灌+土壤、植物调节剂的方式进行红叶石楠扦插；方案三采用基质土灌杯+漫灌+生根剂的方式进行红叶石楠扦插。

红叶石楠扦插包含日光遮阳棚建设、扦插床选择、插条物料选择、扦插、插后管理工作。

（1）扦插床的准备

第一步为土壤处理，采用三种不同方式：措施1，原土扦插，原土处理时，正值冬季，土地平整后翻耕30cm，开春时土壤颗粒大小破碎为2～3cm，作为灌杯备用土；措施2，原土准备阶段与措施1相同，在漫灌时掺入土壤调节剂，量为30mL/亩；措施3采用基质土，其配方为草炭土：蛭石：珍珠岩按3：3：1的配比，采用其灌杯。第二步进行淡水漫灌。第三步做封草、消毒处理，以灭杀虫卵、细菌和抑制杂草发芽生根。放置2天后，再将每钵插条一株，并加盖覆膜、搭小拱棚保温。

（2）扦插材料准备

为促使红叶石楠枝条在短时间内成型，选取半木质化红叶石楠枝条，剪后用萘乙酸混配吲哚丁酸刺激生根。其中萘乙酸主要促进毛细根快速生发，吲哚丁酸主要促进主根系的快速生发，二者混配可以达到“1+1>2”的效果，增加侧根萌发数量。

在措施2中，为了促进细胞体积扩大和数量增多，促进植物的光合作用，采用土壤调节剂和植物生长调节剂，诱导内源生长素（IAA）合成基因的生成，促进生根。

（3）温度、湿度管理

幼苗在长至6～7cm高度时，须揭膜。在缓苗阶段，白天棚内温度在25～28℃，而夜间棚内温度则在15～18℃；缓苗后应适度调低大棚内温度，一般白天棚内温度控制在20～25℃，夜间棚内温度控制在15℃以下，通过遮阳网和塑料膜层数来控制温度。在通常条件下将土壤湿度控制在60%～80%，空气湿度控制在45%～50%。

（4）水肥管理

扦插后每星期喷洒1次多菌灵或75%甲基托布津800倍液。每隔7天左右再浇灌一次以保证土地湿度；15天后措施1、3加入生根剂，措施2加入特制调节剂以促使根系的成长；30天后措施1、3再喷施浓度约为0.2%的磷酸二氢钾水溶液，促进枝条萌发，措施2喷施植物调节剂，促进根系生长、枝条萌发。

（5）植株调整

当红叶石楠植株生长高度达到10cm时，开始打杈修枝（需搞好灭菌管理工作，以防病菌交叉感染），在打杈时留6～7cm长，以防细菌由伤口部位进入，以保护植物的营养吸收。

在2022年7—10月期间，对三个地块的土壤基本数据进行对比，包括土壤的含盐量、pH和有机质含量，其中土壤pH的测定采用《土壤 pH值的测定 电位法》HJ 962—2018，土壤有机质含量的测定采用《土壤检测 第6部分：土壤有机质的测定》NY/T 1121.6—2006，土壤含盐量的测定采用《土壤检测 第16部分：土壤水溶性盐总量的测定》NY/T 1121.16—2006。检测设备包括台式pH计PHS-3C Y109、万分之一分析天平EX224 Y115、电热鼓风干燥箱DHG-9140A S064；同时对红叶石楠扦插的成活率进行统计。2022年7月中旬，进行扦插种植，测定苗高，每地块取样100株/2m^2，测定苗木的长势情况，包括红叶石楠存活率、生长高度、旋耕土层深度，并进行对比分析。三个地块的土壤基本数据对比分析如图4-27～图4-32所示。红叶石楠扦插生长情况现场如图4-33所示。

红叶石楠扦插后，因土壤的处理方法不同，土壤反馈的指标值变化也不同。在pH的变化方面，措施2中土壤的pH呈逐步下降趋势，而对照措施1中的pH变化则不明显，措施3中的土壤因为原土碱性随土壤毛细作用上返，对基质土产生污染，导致基质土pH上升。第5个月后措施2分别与措施1和措施3进行比较，其pH差异显著。在含盐量的变化方面，措施2土壤含盐量呈逐步下降趋势，而对照措施1中土壤含盐量因漫灌盐分也在下降，措施3的土壤因为原土碱性随土壤毛细作用上返，对基质土产生污染，导致基质土盐分不降反升。在有机质含量的变化方面，措施2土壤有机质含量呈逐步上升趋势，植物调节剂的使用逐步增加了土壤中的有机质，而对照

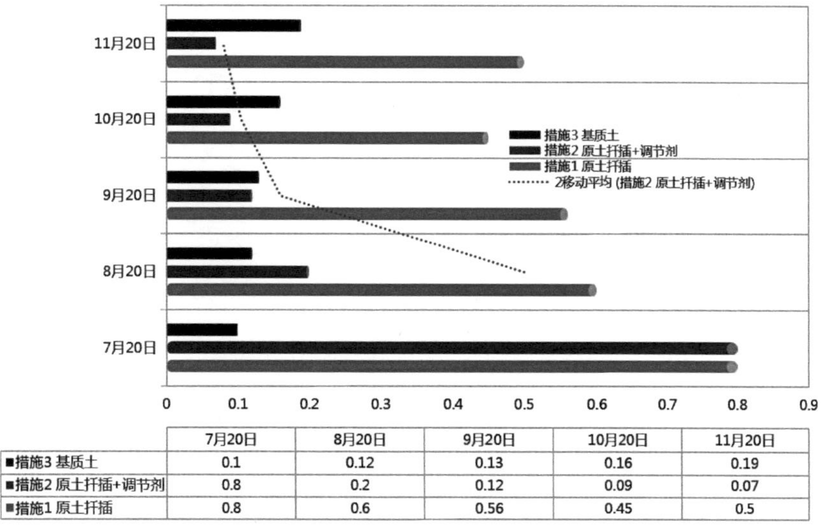

	7月20日	8月20日	9月20日	10月20日	11月20日
■措施3 基质土	0.1	0.12	0.13	0.16	0.19
■措施2 原土扦插+调节剂	0.8	0.2	0.12	0.09	0.07
■措施1 原土扦插	0.8	0.6	0.56	0.45	0.5

图4-27　红叶石楠扦插地块土壤含盐量变化（g/kg）

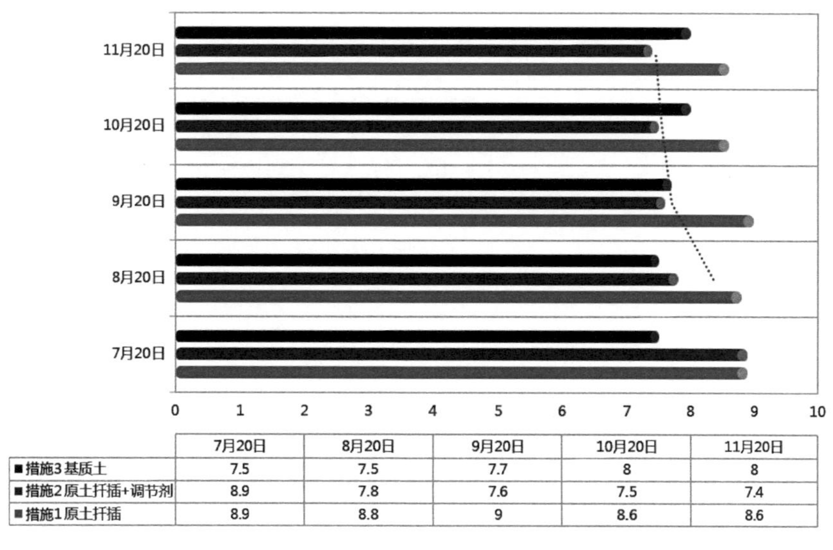

	7月20日	8月20日	9月20日	10月20日	11月20日
■措施3 基质土	7.5	7.5	7.7	8	8
■措施2 原土扦插+调节剂	8.9	7.8	7.6	7.5	7.4
■措施1 原土扦插	8.9	8.8	9	8.6	8.6

图4-28　红叶石楠扦插地块土壤pH变化（水土比为2.5：1）

措施1中因只施基肥导致植物生长所需的养分不能被满足，措施3中的基质土原本有机质含量较高，但在植物生长过程中的消耗未能及时补充，导致有机质含量逐渐下降。

以SPSS 13.0数学统计和Excel 2010软件为工具，汇入对不同措施下植物生长和水盐动态的数据，进行方差分析、多重比较及相关性分析，可以明显对比出土壤调节剂在土壤改良和植物生长中起到的积极作用。在同等环境和条件下，使用土壤调节剂和植物调节剂会对土壤和植物生长产生循序渐进的影响。在土壤含盐量高的

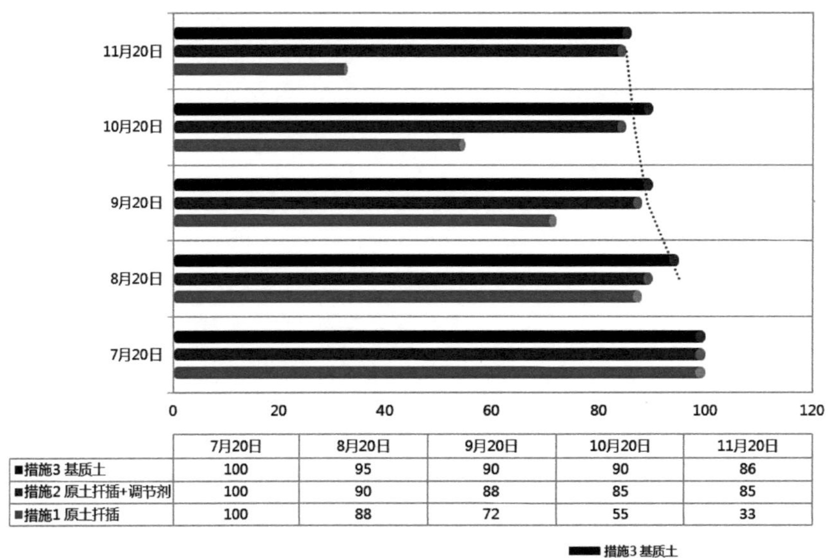

	7月20日	8月20日	9月20日	10月20日	11月20日
■措施3 基质土	100	95	90	90	86
■措施2 原土扦插+调节剂	100	90	88	85	85
■措施1 原土扦插	100	88	72	55	33

图4-29　红叶石楠扦插存活率变化（株）

注：以2m^{2}扦插100株定量统计

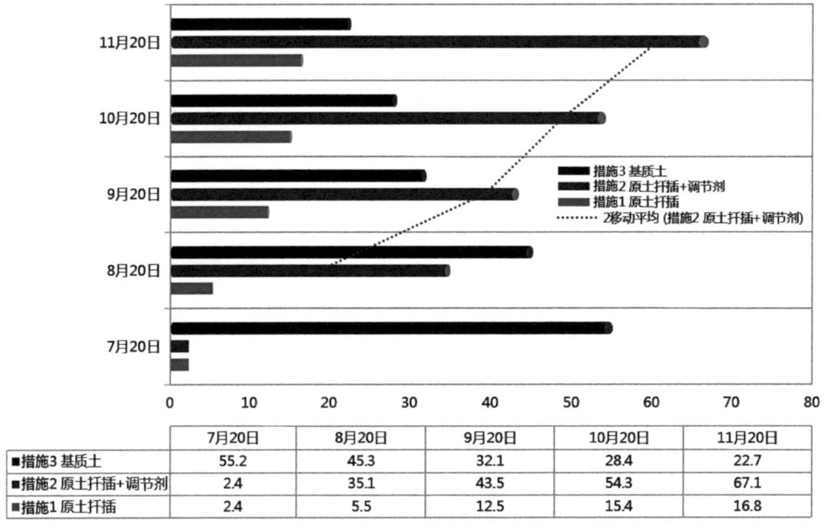

	7月20日	8月20日	9月20日	10月20日	11月20日
■措施3 基质土	55.2	45.3	32.1	28.4	22.7
■措施2 原土扦插+调节剂	2.4	35.1	43.5	54.3	67.1
■措施1 原土扦插	2.4	5.5	12.5	15.4	16.8

图4-30　红叶石楠扦插地块土壤有机质含量变化（g/kg）

情况下，结合淡水洗盐可以在短时间内做到含盐量达标的效果，而在后期的植物生长过程中，土壤调节剂和植物调节剂的使用，不仅可以加速有机质分解转化，提高

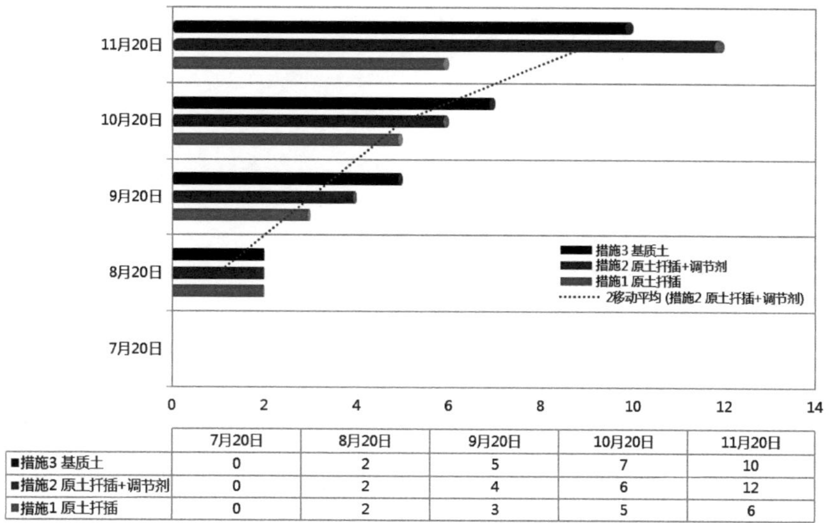

	7月20日	8月20日	9月20日	10月20日	11月20日
■措施3 基质土	0	2	5	7	10
■措施2 原土扦插+调节剂	0	2	4	6	12
■措施1 原土扦插	0	2	3	5	6

图4-31　红叶石楠扦插根系扎根深度（cm）

注：以$2m^2$扦插100株定量统计

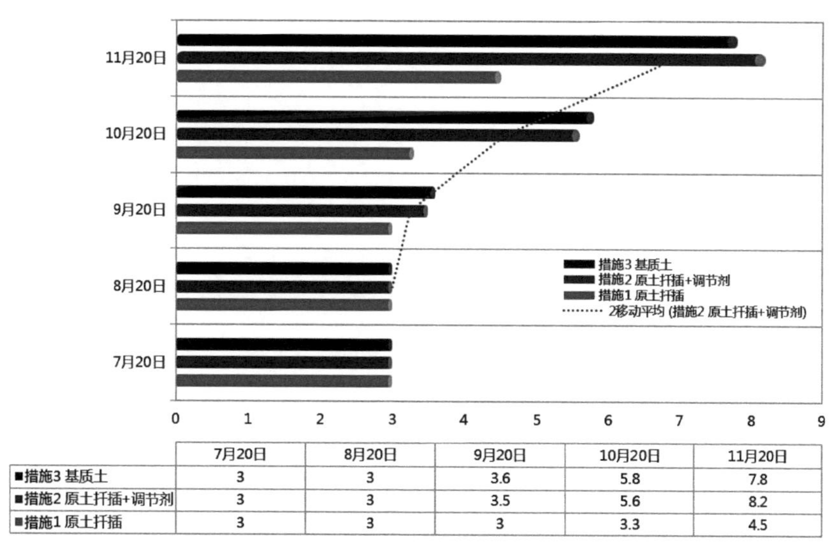

	7月20日	8月20日	9月20日	10月20日	11月20日
■措施3 基质土	3	3	3.6	5.8	7.8
■措施2 原土扦插+调节剂	3	3	3.5	5.6	8.2
■措施1 原土扦插	3	3	3	3.3	4.5

图4-32　红叶石楠扦插植株生长高度变化（cm）

注：以$2m^2$扦插100株定量统计

图4-33 红叶石楠扦插生长情况现场

土壤氮素循环，改善滨海盐碱地的土壤质量，还可以促进植物迅速生根、发芽、生长，在短时间内达到既定的生长效果。

3. 乌桕种植

乌桕测定项目包括叶面积、叶绿素（SPAD）值、净光合速率、脯氨酸与丙二醛（MDA）含量共4个指标。

各项指标测定方式如下：叶面积，随机检测10株，现蕾期测定生长点以下第4～6片叶片的长度与宽度，计算公式为：叶面积=0.75×长×宽。叶绿素（SPAD）值，随机检测10株，在盛花期间用SPAD仪测定每片叶的SPAD值，取平均值。净光合速率，随机检测10株，在盛花期间用Li-6400光合仪测定第4片叶片的净光合速率。脯氨酸与丙二醛（MDA）含量，从现蕾期生长点以下第1片展开的叶片上取样，再通过茚三酮比色法计算脯氨酸浓度，采用硫代巴比妥酸法测定MDA含量，设置3次重复。

在2021年3月—2022年10月进行土壤取样。每种措施中，在紧挨着乌桕根部位置随机取3个样。用内径为3cm的土钻取0～50cm深的土样，每10cm一层。每种措施中，取相同深度的3个土样混合为一个土样，作为这种措施的代表土样，测定的土壤数据如表4-9所示。

乌桕地块种植土未改良前平均数据　　表4-9

地表以下深度（cm）	0～10	10～20	20～30	30～40	40～50
全盐含量（%）	0.88	0.89	0.91	0.94	0.95

为了研究农业机械翻耕、土壤调节剂、有机肥、滴灌措施对盐碱地的改良效果，设计4组不同试验方案，其中：措施1，翻耕+调节剂+有机肥+滴灌；措施2，翻耕+有机肥+化肥+滴灌；措施3，翻耕+化肥+自然降雨；措施4，空白。其中，翻耕深度为30cm，施用牛粪有机肥5kg/m^2，滴灌根据土壤墒情，采用滴头流量为1.38L、壁厚为0.4mm、滴头间距为300mm的滴灌带。

措施1在2021年第二季度土壤翻耕后立即施用土壤调节剂，对浅表层土壤喷施50mL/hm^2，勾兑1：10000的淡水稀释滴灌，第一次滴灌深度为50cm，施用牛粪有机肥5kg/m^2；措施2在2021年第二季度施用1500kg/hm^2钾肥作为土壤底肥，10天后追施800kg/hm^2氮肥，施用牛粪有机肥5kg/m^2，第一次滴灌深度为50cm；措施3在2021年第二季度土壤翻耕30cm深度后，在雨季来临前，施用1500kg/hm^2钾肥作为土壤底肥，10天后追施800kg/hm^2氮肥，无滴灌措施；措施4为原状土，仅进行场地平整，保证场地内无积水。2021年4月—2022年9月，观测土壤pH、含盐量、有机质含量、有效磷含量、碱解氮含量、速效钾含量，参照《耕地质量监测技术规程》NY/T 1119—2019以及《土壤环境质量　农用地土壤污染风险管控标准（试行）》GB 15618—2018中选配的分析方法。

（1）不同措施不同土层的土壤含盐量

如图4-34中所示0～30cm土层，充分利用雨季降雨对土壤盐分进行淋洗，排渍、排盐同时进行，措施1、措施2、措施3、措施4中土壤含盐量都在下降。此后措施1在调节剂的使用下持续下降，措施2、措施3经过淡水洗盐，土壤含盐量下降，措施4变化幅度不大。各措施土壤含盐量随着土壤深度的增加而逐渐减少，50～60cm土层含盐量下降不明显，在冬季略微上升，次年春季趋于稳定。

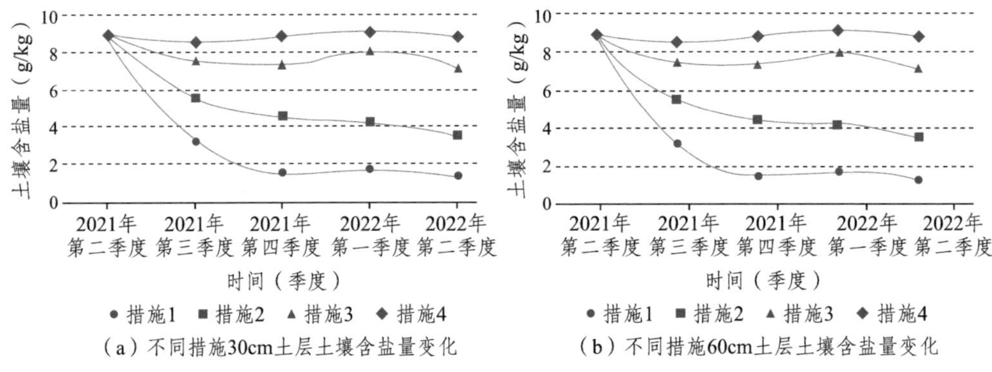

图4-34　苗圃地种植土层含盐量变化

可见在雨季降水洗盐后，通过调控地下水埋深来控制土壤的返盐现象，土壤含盐量在很长一段时间内保持较低水平，保证了作物正常生长；雨季降水洗盐与明沟暗管排水、排盐技术的结合可以快速降低土壤表层含盐量；利用调节剂、有机肥与化肥相结合的方式，各剖面土壤含盐量都有大幅度下降。

（2）不同措施下土壤有机质含量的剖面变化

如图4-35所示，措施1对各土层有机质含量均影响明显，2021年第四季度土层有机质含量较第三季度增长幅度较大，措施1土壤有机质含量高于或明显高于其他措施，显著改善了土壤有机质含量，对调节土壤养分和改善土壤理化性质具有重要作用。其他各措施土壤有机质含量有下降趋势，植物生长吸收土壤中的有机质，对土壤中的养分消耗较大。具体地块的地形详细做法如图4-36所示，乌桕长势情况如图4-37所示。

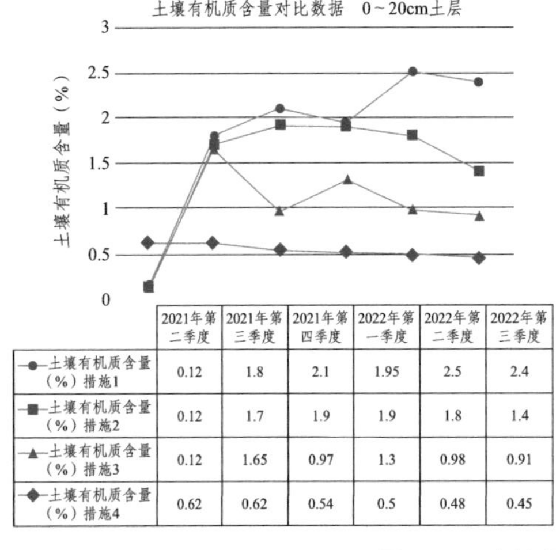

	2021年第二季度	2021年第三季度	2021年第四季度	2022年第一季度	2022年第二季度	2022年第三季度
土壤有机质含量（%）措施1	0.12	1.8	2.1	1.95	2.5	2.4
土壤有机质含量（%）措施2	0.12	1.7	1.9	1.9	1.8	1.4
土壤有机质含量（%）措施3	0.12	1.65	0.97	1.3	0.98	0.91
土壤有机质含量（%）措施4	0.62	0.62	0.54	0.5	0.48	0.45

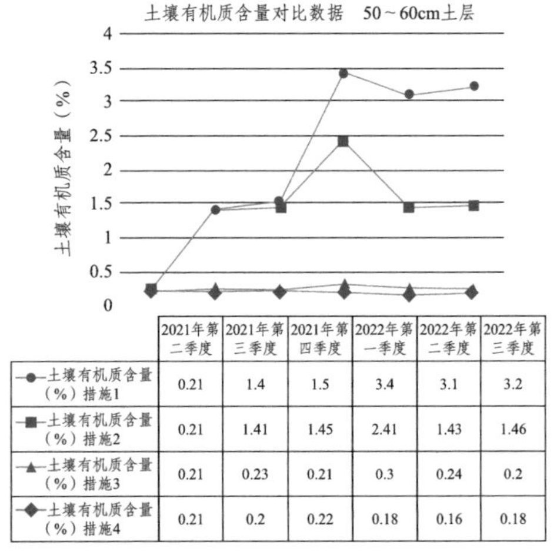

	2021年第二季度	2021年第三季度	2021年第四季度	2022年第一季度	2022年第二季度	2022年第三季度
土壤有机质含量（%）措施1	0.21	1.4	1.5	3.4	3.1	3.2
土壤有机质含量（%）措施2	0.21	1.41	1.45	2.41	1.43	1.46
土壤有机质含量（%）措施3	0.21	0.23	0.21	0.3	0.24	0.2
土壤有机质含量（%）措施4	0.21	0.2	0.22	0.18	0.16	0.18

图4-35　土壤有机质含量对比数据

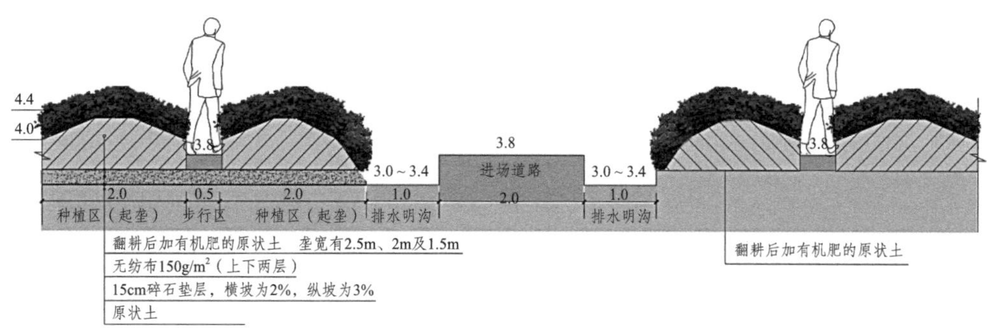

图4-36　具体地块的地形详细做法

图4-37　乌桕长势情况

4. 红叶石楠大苗培育

提前挖好树穴，将出土高度在10～15cm的苗木竖直插入穴中，扶正后先回填表层土再掺拌基质土，随后将新苗向上提1～2次进行舒根处理，填土后用脚踏实。移栽深度一般比原土痕深3～5cm，在定植完毕后进行浇灌透水作定根水。

移栽后的重要工作是除草和施肥。除草时要做到除早、除小、除去，可在除草的同时进行中耕松土，工具选用体形较小的锄头，以避免对移栽苗的根部产生伤害。施肥选用腐熟的较稀人粪尿浇施，一般6月前施4～5次，9月后施2～3次。也可选用复合肥实行穴施，一般施肥量为30～40g/穴，在行距的中心部位打穴，将复合肥施入，然后覆上一层薄土。

浇水工作通常在栽植后前三天，定根水要浇到位，防止苗脱水，后五天早晚喷洒叶面水。在修剪上，根据红叶石楠的生长发育状况及时展开摘顶、修枝等工作，为新侧枝的迅速萌芽生长、形成丰满树形创造了条件。通常在栽培3～4年后，红叶石楠苗可高达1.5～2m，成为红叶石楠球。

红叶石楠的重要病害是灰霉病、叶斑病，重要虫害则是蚜虫、蚧壳虫等，因此应当坚持“防治为先，综合预防”的病虫害防控工作基本原则，择优采取传统农业预防、物理措施预防、生物学预防，配合使用化学防治。其中灰霉病期用50%百菌清800～1000倍液喷洒预防，发生期用50%代森锰锌500倍液喷洒预防，叶斑病期用50%多菌灵500倍液或50%托布津500倍液喷洒预防。

蚧壳虫应用蚧杀净或快速蚧杀1000倍液喷洒预防，蚜虫则应用吡虫啉可湿性粉剂或啶虫脒或抗蚜威可湿性粉剂予以预防。

4.4.4 原土改良在苗圃试验田的经验总结

1. 地形与土壤酸碱度（pH）的关系

在春季，垄顶和垄坡受水分蒸发影响出现明显的返碱现象，土层含水量从距地表10cm高的垄顶至沟底呈现明显上升态势，但在深层的变化不明显。在秋季，垄沟系统土壤的含水量整体超过了春季，但在垂直方向上，表层约10cm土层的平均pH差异不显著。

2. 土壤含盐量与水、地形标高的关系

在地下水位可控的前提下，土壤纵向的平均含盐量随植物生长期变化而变化，这种变化主要集中在60cm以上的表层土中，而下层土壤平均含盐量随植物生根变化相对较小。土壤水平方向的盐分在滴头淋洗的影响下，盐分以滴头为中心逐渐向周边转移，且一般在表层30～40cm土层内集中。在该土地内产生了带状高盐区，土壤盐分也随表层地面水分蒸发而出现相应的表聚现象，明显表现出盐随水走的趋势。

在垄顶和大部分垄坡，土壤含盐量呈现随深度减少的态势，但在沟底呈现随深度上升的态势，表层土20cm以内含盐量由垄顶至沟底均呈下降态势。从季节上观测，春、秋季各处的含盐量都明显增多。

3. 土壤有机质含量与土壤调节剂的关系

在本次改良的关键步骤研究中，主要采用两种补给方式增加土壤的有机质，一

种是施用传统的有机肥或复合肥，另一种是使用调节剂。在贫瘠的原状土上，需要为新种植的植物快速有效地补充有机质，水溶性土壤调节剂是迅速改良土壤的最佳方式，通过薄肥勤施的方式，让植物在土壤中快速生根，迅速降低植物根系周边的含盐量，这是植物缓苗期的重点养护环节。而通过土壤调节剂中钙离子与钠离子的替换，加上促根剂的合理搭配，可以在植物生根阶段促进土壤疏松，增加透气性，使植物生长环境得到良性循环。

根据滨海地区土壤性状，通常选择热性肥料，如牛粪、羊粪等有机肥以及硫酸钾复合肥，其他常规肥料可根据季节变化和植物生长的情况，有针对性地施用。

4. 滨海地区的植物选用

由于滨海地区地势低、风速大、四季温差大，土壤有机质含量低，应选用抗风、抗盐、耐瘠薄、耐寒、耐旱的植物。基于以上原因，在植物挑选方面，要求选用枝条柔软、叶片小、侧根系发达的品种，例如，黑松、中山杉、苦楝、夹竹桃、木槿、木芙蓉、结香、紫荆等，以上植物对于贫瘠的土壤条件和恶劣的自然气候都具有很好的适应性。

通过地下水位动态监测、土壤电导率检测、土壤中有机质成分化验、植物长势情况分析，总结土壤改良有以下6个要点。

（1）要明确地形标高。对此分两种情况，一种是在土资源丰富的场域，可采用堆高地形、有利于排水的方式，达到迅速排盐的目的；另一种是在土资源匮乏的场域，要保证种植区不积水，设两到三级以上排水系统，以满足短时强降雨发生时场地内能迅速排水的需要，必要时增设强排设施。

（2）对种植土进行破碎。运用物理措施进行土壤破碎，通过翻耕的形式，将板结的土壤迅速破碎，改变土壤的物理结构，根据种植植物的需求确定破碎的深度。

（3）使用土壤改良剂。根据土壤盐碱度的高低确定改良剂使用量的配比，在短时间内能够达到迅速改良土壤的目的。

（4）补充土壤有机质。根据试验的结果，补充有机质的最佳方案为同时增加有机肥和基质土，通过增加有机质，能够让植物根系在短时间内迅速生长，从而抑制土壤盐分上返，优化土壤团粒结构。

（5）防控杂草、病虫害。建立完善的植被景观环境体系，在杂草的防控上，结合杂草类型对症下药。在植物病虫害防控上，以预防为主。

（6）优选植物品种。在整个改良环节中，选用适宜的品种最为重要，根据江苏沿海城市的气候特点，选用原则包括：乔木以侧根系发达的植物为主，灌木以耐寒、耐旱性强的植物为主，地被植物以根系发达的植物为主。

第5章

滨海盐碱地植物品种选择

在进行盐碱地改良的同时，结合改良的盐碱地土壤特性，选择能适应土壤特性及气候环境的植物，保证在滨海地区种植的植物生长质量具有较高的稳定性。

5.1 植物品种选择原则

1. 适地适树，优先选择乡土树种

滨海地区绿化应把乡土树种作为植物造景的首选。乡土树种在自然演替过程中对当地的环境条件、土壤条件和气候因子都有较强的适应性，并往往形成具有地方特色的植物变种。选择适应性强的乡土树种造林，能够降低土壤的盐碱度，改善土壤环境，有利于构建更加复杂的森林植物群落，同时也能形成地方景观特色。

2. 选择抗性强的耐盐树种

江苏沿海全年降水量季节分布特征明显，其中夏季降水量集中，冬、春季则干旱少雨，因此尽量选用耐旱、耐涝性强的树种。由于沿海地区土壤多属黏质土，土壤透气性差，肥力低，所以应选择耐瘠薄的树种。

江苏耐盐绿化树种有楝树、白蜡、臭椿、乌桕、女贞、丝棉木、无患子、流苏、柿树、榆树、合欢、楸树、梓树、槐树、侧柏、柳树、圆柏、栎树等。乌桕、石榴、木槿、白蜡等树种耐盐碱，同时具有耐涝、耐旱、耐瘠薄等特性，是很好的海滨绿化树种。

3. 选择深根性的乔木树种

沿海地区往往伴有较强的风力灾害，极易造成树木倒伏，影响树木生长和交通安全，同时沿海地区的风往往带来海潮等次生灾害。选择适当冠幅、强韧性、深根性的树种，能够更好地降低风害，改善景观环境。

4. 草本应选择耐盐、生命力顽强、长势旺的种类

根据沿海地区气候特征，选择适应性广，耐盐碱、抗寒、抗旱、扩展能力强的草本植物。

5.2 推荐植物名录

目前连云港滨海盐碱地已有200余种常用园林植物，50科114属191种。根据滨海地区植物的耐盐程度，将其分为三个梯度，即耐重度盐碱植物（大于0.5%）、耐中度盐碱植物（0.3%～0.5%）、耐轻度盐碱植物（小于0.3%），如表5–1所示。

江苏沿海推荐耐盐园林植物名录　　表5–1

类别	大乔木		小乔木		灌木		藤本、草本、竹、地被		水生
	常绿	落叶	常绿	落叶	常绿	落叶	常绿	落叶	
耐重度盐碱植物		白蜡、苦楝、乌桕、刺槐、臭椿、构树、榆树、金叶榆等	大叶女贞等	石榴、枣树、杜梨、豆梨、梨树、火炬树等		柽柳、紫穗槐、海滨木槿、无花果等		海滨锦葵、碱蓬、海滨紫菀、菊芋等	芦苇等
耐中度盐碱植物	弗吉尼亚栎、圆柏、侧柏、红果冬青等	榔榆、榉树、朴树、水杉、桑树、青桐、杨树、柳树、垂柳、梓树、杜仲、落羽杉、中山杉、无患子等	龙柏、法国冬青、树状红叶石楠、椤木石楠、洒金桧、塔柏等	紫薇、腊梅、丁香、樱花、杏树、流苏、君迁子、紫叶李等	千头柏、红叶石楠、火棘、北海道黄杨、大叶黄杨、小叶黄杨、金边黄杨、海桐、金森女贞、胶东卫矛、丝兰、枸骨、南天竹等	木槿、枸杞、杞柳、月季、卫矛、紫荆、迎春、连翘、金钟花、木芙蓉等	木香、藤本月季、蔷薇、铺地柏等	凌霄、紫藤、蜀葵、狼尾草、矮蒲苇、美人蕉、芒草、爬山虎等	芦竹、香蒲、水生美人蕉、水生菖蒲、再力花、大薸等

续表

类别	大乔木		小乔木		灌木		藤本、草本、竹、地被		水生
	常绿	落叶	常绿	落叶	常绿	落叶	常绿	落叶	
耐轻度盐碱植物	香樟、柳杉、杉木、雪松、黑松、白皮松、广玉兰等	栾树、国槐、合欢、皂角、银杏、枫杨、泡桐、水杉、楸树等	枇杷、棕榈、罗汉松等	梅花、桃树、山楂、木瓜、海棠等	十大功劳、茶花、茶梅、桂花、八角金盘、洒金珊瑚等	棣棠、郁李、榆叶梅、紫叶矮樱、美人梅、黄刺玫、山麻秆、红瑞木等	毛竹、金镶玉竹、乌哺鸡竹、刚竹、木香、扶芳藤、常春藤、金银花等	欧石竹、百合、郁金香、白三叶、麦冬、狗牙根、吉祥草、矮生百慕大、芒草、金叶石菖蒲、萱草、红花酢浆草、鸢尾、玉簪、波斯菊、美女樱、二月兰、美丽月见草、马鞭草等	千屈菜、荷花、睡莲、梭鱼草、水芹、慈姑、风车草等

5.3
江苏耐盐园林植物新品种

在江苏省内，新培育了园林植物新品种如中山杉503、苏楝15号和18号、连柏1号等，在以后的实践过程中将增加新品种的开发力度。

江苏省中国科学院植物研究所选育的中山杉503（图5-1），属半常绿乔木，叶色绿且生长期比落羽杉长1个月，能耐3‰以内的土壤盐分，苗期对赤枯病抗性强。

江苏省林业科学研究院选育的苏楝15号（图5-2）和苏楝18号（图5-3）是速生优良苦楝无性系，造林2年胸径生长达到7～9.5cm，主干高度达6～8.5m，干形通直、树形优美、叶柄鲜红。选育的苏柳2327（图5-4）等三个高生物量灌木柳优良无性系，年产量达到每亩2700～3600kg，比簸箕柳高24%～64%，单株镉积累量提高186%～223%，选育的柳树新品种可用于受重金属镉污染的低湿滩涂的修复。乌桕新品种“秋艳1号”（图5-5），秋季时的叶片颜色先由绿色逐渐转变为紫红色，后变为鲜红色，在南京地区，每年10月25日左右至11月25日左右为转色期，平均变色期30天，鲜艳美丽。

连云港市农业科学院选育的乌桕新品种“连桕1号”（图5-6），其生长速度快，叶片大，树形优美，秋季叶片呈紫红色，落叶前变为红色，观赏价值高，在连云港，该品种每年自10月中上旬叶片变色，持续观赏期25天左右，观赏期长。“云台红桕”（图5-7），其秋季叶色变色早，颜色呈鲜红色，鲜艳亮丽，在连云港地区，每年10月上旬叶片变色，11月中旬叶片落叶，观赏期长，持续观赏期30天左右。“云台金桕”（图5-8），其秋叶呈金黄色，秋季叶片变色早，观赏期长，平均25天，10

图5-1　中山杉503

图5-2　苏楝15号

图5-3　苏楝18号

图5-4　苏柳2327

图5-5　乌桕新品种“秋艳1号”

图5-6　乌桕新品种“连桕1号”

图5-7　乌桕新品种“云台红桕”

图5-8　乌桕新品种“云台金桕”

月下旬—11月上旬满树金黄，观赏价值高。

连云港市农业科学院培育的耐盐木槿灌木，以海滨木槿的根为砧木嫁接木槿，解决了耐盐和耐寒问题，可以在沿海滩涂重度盐碱地推广，且耐严寒天气。新培育的耐盐木槿，既可以防风固堤，又可以提高滨海地带的景观效果（图5-9）。

图5-9　耐盐木槿在海滨盐碱土上的长势情况与嫁接过程

5.4 栽植要点

根据苏北滨海盐碱地的气候和土壤特点，经过长期施工和观测，整理出不同植物的生长特性和栽植后的长势情况，总结出下列植物的栽植要点。

常绿型植株，宜在春天土地解冻后、发芽前，或在秋季新梢终止生长发育后、霜降之前栽培；落叶类植被，宜在春天土地解冻后发芽前或在秋季落叶后土地冰冻之前栽植；乌桕、枫杨、楝树等树木，宜在新芽刚萌动时栽植。

部分树种的应用注意事项如表5-2所示。

部分树种的应用注意事项　　表5-2

序号	树种名	类型	特性	应用时的注意事项
1	广玉兰、雪松	常绿乔木	耐碱性、耐寒性、耐淹性较差	1. 施用酸性肥料改良土壤，增施有机肥； 2. 栽植在高亢立地； 3. 避免栽植在风口区域
2	女贞	常绿乔木	耐碱性较差	1. 施用酸性肥料改良土壤； 2. 增施有机肥

续表

序号	树种名	类型	特性	应用时的注意事项
3	樟树	常绿乔木	耐寒性差，树冠常受冻害、枯梢或树冠死亡	仅可应用在院内小气候环境，在向阳、避风处小范围栽植
4	夹竹桃	常绿灌木	耐寒性差，一般每年地上部分全部冻死，需要全部剪除，工作量大	1. 小范围应用; 2. 冬季做好越冬防护
5	法桐、杨树、柳树	落叶乔木	雌株易产生飞絮	选用雄株品种
6	火炬树、构树	落叶小乔木	1. 适应性很强，易形成入侵性，排斥其他树种生长; 2. 构树果实易招鸟类，落果和鸟粪污染大	小范围应用栽植时，采取措施控制其自然繁殖
7	泡桐、楝树	落叶乔木	1. 不耐水淹; 2. 泡桐树皮容易破损、破损后很难愈合	1. 栽植在高亢立地; 2. 不能栽植在风口区，注意保护泡桐树皮
8	水果树类	—	果实影响生长，落果时易形成污染，或行人采果时折断树枝，管理强度大	选用不结果品种

第6章

滨海盐碱地绿化养护

科学化、规范化养护是滨海盐碱地绿化工程能否持续发挥其预期功能的关键举措。应按照《园林绿化养护标准》CJJ/T 287—2018、《江苏省城市园林绿化养护管理规范及分级标准》《农田灌溉水质标准》GB 5084—2021及滨海盐碱地绿化特点进行日常养护。具体工作包括修剪与整形，浇灌与排水，松土与除草，施肥与病虫害防护，防风与防寒，复壮、补植与调整，动态监测及档案管理等方面。

6.1 修剪与整形

根据植物生物学特性、生长阶段、生态习性、景观功能以及安全距离等要求，选择合适的时期和方法对植物进行修剪与整形。

乔灌木的春季修剪应在每年植物发芽前完成，冬季修剪应在每年的12月底前完成：绿篱、色块和球类等造型灌木应以生长期修剪为主，休眠期修剪为辅，每年4—10月，每3～4周修剪一次；藤本植物应定期清除枯枝，疏除老弱藤蔓；地被花卉应及时对影响植物生长和景观效果中过密、过高的植物进行疏除、修剪；草坪应根据草坪类型及生长习性定期修剪，苏北地区，高标准草坪应每年修剪10次以上，一般草坪或杂草草坪应每年修剪5次以上，每年越冬前重剪一次并及时清理草屑。

加强日常巡查，对影响交通安全、电力安全及居民使用的树木枝条及时整形修剪。遇台风等极端天气前，应及时进行必要的疏枝修剪，避免树木倒伏、断枝坠落，造成安全事故。

6.2 浇灌与排水

根据盐碱地“盐随水来、盐随水走、水往低处流”的水盐运动特点，以及区域降水、场地标高、地块土壤墒情状况，合理制定滨海盐碱地绿化养护浇灌和排水方案。

夏季不宜在中午高温时段进行浇灌，宜在早、晚进行；每年3月左右，宜浇足、浇透一次返青水；每年11月底前，宜浇足、浇透一次封冻水；春秋两季返盐风险较大时段，有条件区域宜采用大水漫灌等措施，抑制土壤返盐，促进植物正常生长。

浇灌用水的含盐量不应高于1000mg/L，考虑到江苏滨海盐碱地区域土壤透气透水性差、春秋两季降水量小等特点，浇灌用水的含盐量不宜超过500mg/L。含盐量不可控的河水、湖水等自然水体不宜作为浇灌水源。

名贵植物、新栽植植物以及邻近海岸线的植物，应视天气干旱、海风海雾和植物生长情况及时对树体和树干进行喷雾；植物发芽期间，根据海风海雾的影响程度，应及时对邻近海岸线植物的枝条、叶面进行喷雾洗盐，减轻盐胁迫对植物嫩芽的影响。

每次浇水应浇足、浇透，切忌浇半截水、频繁浇水，防止地表下渗盐分在植物根部堆积，影响植物生长。把握好大水排盐、小水引盐的原则。

大力推广管道浇灌、微喷、滴灌等节水灌溉措施，减少水车浇灌等后期养护成本高的养护措施；有条件地区鼓励应用土壤张力计等科技手段，根据科学测定的土壤墒情，指导植物浇灌和排水。

定期检查、维修排水、排盐设施，在控制土壤合理含水量的同时，确保土壤中上返和下渗的盐分通过排盐、排水设施和排水通道及时排出绿化区域，每年11月底前，完成对各种浇灌、排涝设备的防冻措施检查，排清管内积水，防止冻裂。

暴雨、台风等极端天气后，及时检查排盐、排水设施和排水通道的完好性，必要时采取强排措施，确保绿地内不出现长时间积水的现象；绿地内出现其他工程施工情况时，应积极参与施工工程临时排水方案的审查，按规范做好现场交底、过程监督和完工验收交接工作，确保绿地内排盐、排水设施和排水通道的功能不受影响。

6.3
松土与除草

松土是滨海盐碱地绿化养护中改善表层土壤结构、防止土壤次生盐碱化的重要措施，松土还可以促进微生物生长、促进土壤养分释放、提高土壤肥力、切断土壤毛细作用、减少水分蒸发。

松土工作需在植物生长期内持续进行，宜在天气晴朗、土壤不过分潮湿时进行。松土深度以不伤到植物根部为宜，对埋土过深的地表应扒土，对埋土过浅以致根部外露的地表应予以填土。值得注意的是，雨后不宜立即进行松土，绿地内出现被丢弃的垃圾土、盐碱土等应及时清理。

除草宜与松土结合进行，采用机械、人工等方式进行，开花类杂草宜在杂草开花、结实前进行。使用化学药剂除草前，应进行小面积试验，确定不会对绿化植物和周边生态环境造成破坏后，按规程使用。

根据不同的养护等级进行杂草清除作业，并及时清运杂草，保持绿地内环境整洁。绿地外空闲场地的杂草，宜在杂草结实期前，根据可能的影响范围进行适度规模的修剪，避免杂草果实落入绿地，增加后期除草的工作量。

6.4

施肥与病虫害防护

根据植物品种、生长势、季节、土壤理化性质以及绿地是否采用了排盐措施等综合制定施肥方案，应按照“预防为主、科学防治”的方针按年度制订病虫害预报和防治计划，提倡使用生物防治、物理防治和人工清除等多种手段控制病虫害，科学使用化学药剂。

滨海盐碱地区域气候条件较为复杂，应根据不同植物的特点，通过改善土壤结构和施肥等措施，强化植物根系生长，提高植物抗风能力。滨海盐碱地绿化种植土来源广泛，理化性质差异较大，应根据具体检测指标，制定不同的施肥方案，改善土壤条件，促进植物根系生长。

石料路基和排盐层上部种植土内的养分会随着浇灌水排出绿地，造成土壤肥力降低，定期进行土壤肥力检测是滨海盐碱地绿化养护的重要措施，可以为后续的施肥方案提供必要的数据支撑，保证植物快速生长。

树木宜在休眠期施基肥，生长期施追肥。花灌木宜在花前、花后施肥。草坪宜在春秋季施肥，每次修剪后宜及时追肥。

基肥应采用腐熟的有机肥，追肥应以磷肥、氮肥等多元复合肥为主，提倡使用腐殖酸类肥料。根据树木种类、栽植形式等应采用穴施、沟施、撒施、孔施或叶面喷施等不同的施肥方式。

发现病虫害应在2天内治理完毕，用药必须符合环保要求，喷施药剂时选择无风或微风天气，并根据植物不同的病害和虫害部位，进行对靶喷洒。为防止产生抗药性，建议轮流使用多种药剂，及时清理带有病菌和虫源的落叶和杂草，避免病虫害的传播、扩散。

6.5 防风与防寒

6.5.1 防风

选择适生的深根性抗风树种、正确修剪整形、定期施肥并进行病虫害防治、选择正确的种植方式以及规范的支撑形式都可以有效提高滨海盐碱地植物的防风性。

除特殊景观要求外，树木倾斜超过10°应及时采取扶正措施，落叶树宜在休眠期进行扶正，常绿树宜在萌芽前进行扶正。扶正前应对根部土壤进行疏松、灌水，并进行必要的疏枝修剪。

邻近海边的行道树、孤植树支撑应根据植物生长情况及时调整，支撑点高度宜为树高的1/3 ~ 1/2，支撑处设置软性材料，避免支撑材料伤害植物主干。

6.5.2 防寒

选择适生的耐寒树种、科学的水肥管理和病虫害防治、正确的种植方式和种植区域以及规范的防护措施都可以有效提高滨海盐碱地植物的防寒能力。

对于不防寒的植物，应根据植物特性和栽植区域，选择设置防风障、植物全株包裹、主干包裹、喷抗蒸腾剂、主干涂白、土球覆膜等措施提前进行预防。春季气温回暖后，根据温度变化情况及时拆除包裹材料。

当降雪量较大时，及时清除针叶树和易折枝乔灌树上的积雪，绿地及树穴内禁止堆放含有融雪材料的积雪，禁止在不耐寒植物基部堆雪。

6.6 复壮、补植与调整

长势衰弱的植物应及时采取复壮措施，如修剪断枝、病死枝，清理创口，消毒防腐，改善土壤条件，加强水肥管理等。濒临死亡的植物，为保证景观效果，应及时就近移栽至苗圃基地，采取其他必要的复壮措施，尽全力保证植物存活。

移除植物后的空地在合适季节补植同品种、同规格的植物，确需反季节种植的，建议做好相应措施并加强养护，确保成活率。

植物栽植过密、生长空间不足时，应按照“留大去小、留强去弱”的原则，及时进行抽稀调整，并注意保持与周围环境的协调。

6.7 动态监测及档案管理

为了保障绿地动态监测，建议在每年3月和10月抽取土壤样品，对土壤的pH、含盐量、有机质含量等主要指标进行检测，每两个月对排盐盲管的井水样、地下水含盐量进行检测，每周对植物生长情况进行检查。根据检测、检查的情况，及时制定或调整养护方案，保证绿地植物生长状态的良好。

建立完整的养护管理台账，专人负责，定期检查。台账资料要分类清晰，记录详细，数据翔实，并按年度及时归档保存。

第7章

滨海盐碱地改良回顾与展望

经过十几年对滨海盐碱地土壤改良的实践与探索，研究团队在滨海盐碱地土壤改良与绿化种植方面取得了一些成效。针对滨海地区的气候、土壤、地形地势、工程施工需求等，归纳整理了针对不同项目的改良措施和施工工艺，同时也展望了滨海盐碱地改良和绿化种植技术的未来发展态势。

7.1 改良经验

通过徐圩新区十几年的盐碱地园林绿化建设研究，以及近六年的土壤改良实践试验，不断整理总结改良经验。其中，以客土改良作为主要途径，完成了园区绝大部分绿化工程；而原土改良技术的兴起，降低了工程造价，给滨海地区土壤改良措施提供了更多的选择空间，为滨海地区植物能够更好地可持续生长提供了参考依据。

在改良过程中，研究团队总结了大量的工程实践经验，重点内容包括土壤中养分的供给与改善、智能水肥一体化技术运用、客土改良时暗管排盐措施与周边淡水水系、海绵城市建设理念的合理应用、优选植物品种、工业废水处理的废弃物应用等。通过一系列的工程实践，同时还将盐碱地改良研究成果与其他科研课题共享，如连云港市住房和城乡建设系统科技课题“连云港园林废弃物资源化关键技术研究与集成应用示范”（项目编号：2022JH03），拓展了滨海盐碱地研究的深度和广度。

7.1.1 土壤中养分的供给与改善

植物主要是通过根系从土壤或介质中获取养分，其中地上部分主要是碳水化合物的供应和植物激素的分泌，地下部分主要是土壤。在盐胁迫环境中，植物根系在土壤中向生长介质分泌离子或次级代谢产物，参与养分活化、信号感知及防御，影响了植物根部对营养的吸收，从而导致植物长势不良，甚至发生死株现象。

在试验田土壤改良中，根据土质情况改善新型水溶性肥料的本土化测土配方，应用在叶片洒水、喷灌、滴灌中，通过水肥一体化管理，实现省水、省肥、省工的功效。研发的水溶性肥料包括种养分类、植被生长调节剂类，按照植株生长发育的规律和营养需要进行水溶性肥料配比，其利用率一般为常规生化肥料的2～3倍。在实践中，应在养分的供应量、供应时间、养分形态、不同养分的配比上多方试验，观测整体植株的生物量和植株内不同器官的相对生长量，总结肥料用量与植物生长的相互关系。同时，常规的尿素和复合肥用于改善植株生长发育，一定程度上解决了营养供需矛盾，为植株生长发育供给营养，为土壤增添肥效。

7.1.2 智能水肥一体化技术运用

智能水肥一体化技术原用于大规模农业生产上，在园林景观和林业上应用不多，但随着水肥一体化技术的日益成熟，其技术在园林绿化上也做了新的尝试。根据植物在各个生长发育阶段的需求，对环境各参数即时监测，实现了植物的智慧管理，如自动浇灌、施肥功能、区域控制、信息检索、智能模式、历史数据记录等。

掌握植物生长状态的智能控制，如在土地温湿度过低时系统将进行补水灌溉，对于处于不同生长周期下的植物进行灌溉、施肥、喷药等，从而实现植物对水肥利用最优化，提高水分利用率与施肥效率，改善土壤质量与植物生长势，解决因人为原因导致的水肥供应不及时或供应量不够等问题。该技术不仅可用于原土改良进行快速淡水洗盐，还可用于常规的客土种植养护。

7.1.3 暗管排盐措施与周边淡水水系、海绵城市建设理念的合理应用

从改善区域水环境出发，调水排盐，利用周边淡水水系来逐步改善地下水环境，从根本上解决地下水的盐碱度，从而改变土壤中的盐碱度。遵循“盐随水来，盐随水去”的运动规律，补充淡水，退潮时开闸排咸水，待水排尽后重新补入淡水，周而复始，从而达到不断洗盐排碱的目的。

另外，从创造微地形入手，设计雨水花园、植草沟及雨水湿塘，从自然界降雨开始，利用植草沟将雨水汇集至雨水花园，在雨水花园的溢流通道口与地下隔盐、排盐管道结合，既解决了淡水资源滞留问题，又给淡水洗盐下渗留出充足的时间，创造了排盐空间。

通过自身场地的自然净化及外部环境淡水资源的供给，逐步改变区域土壤中的水环境，进而改变土壤微环境，从根本上解决土壤中的盐碱度问题，给植物创造可持续生长的条件。

7.1.4 优选植物品种

在进行土壤调查和土壤实验的基础上，分别引进和筛选耐盐、耐瘠、耐旱、耐涝、抗热耐寒、抗病虫害等抗逆性强的生态景观与经济性状兼容的乔木、灌木及地被植物，进行适应性栽培实验，配置相应的技术体系与工程设施，实现徐圩新区盐土资源、多种水资源与耐盐植物资源相互耦合、高效循环利用、前后有序过渡与衔接的低碳、高效、经济可行的生态建设新模式，促进盐碱地的“水”“肥”“气”“热”协调发展。

7.1.5 工业废水处理的废弃物应用

随着工业的发展产生了大量的工业废弃物，如果随意对其进行排放，既对环境造成污染，又浪费了潜在的资源。如果能利用其改良盐碱化土壤，既可以减轻环境压力，又可以充分利用资源。徐圩新区作为化工园区，工业废弃物较多，利用“MultiF-Ca多级配异质晶核”改良盐碱地，也收获了一些成效。

工业废水处理的废弃物“MultiF-Ca多级配异质晶核”，是一种化学结晶循环造粒，通过水中的Ca^{2+}离子、Mg^{2+}离子发生化学反应生成$CaCO_3$/$Mg(OH)_2$晶体，附着到晶种表面，降低水的硬度，产生的$CaCO_3$颗粒可以回收利用。

在工程实践上，徐圩新区的部分绿化工程利用“MultiF-Ca多级配异质晶核”代替碎石隔盐层，在节省工程造价的同时，使工业废水产生的废弃物得到合理再利用。

7.1.6 植树造林对改良土壤的益处

经过大量的工程实践，总结出滨海地区在造林上应首选乡土树种，选用耐盐力强、抗风力强、环境适宜度强、对土壤要求不高、抗旱耐涝力强和景观经济价值高的植物品种，其成活率较高。

在西北地区，造林的适宜树种为旱柳、沙柳和柽柳（图7-1）等，因为这类树种具有较深的根系和较强的防风固沙能力，耐干旱、耐盐碱能力均比较强；而在北方沿海地区，适宜树种则包括紫穗槐、小胡杨、辽宁杨（图7-2）等；在江苏沿海城市，以苏北地区为例，推荐的品种为毛白杨、苦楝、刺槐（图7-3）等。

对盐生植物资源进行驯化及基因工程培育，筛选出耐盐作物品种也已成为利用生物措施改良盐碱地的发展方向。近几年，省市农科院和林科院在新品种研发上，取得了巨大进步，如中山杉503、苏楝15号和18号、连柏1号等新品种，但是耐盐植物种类依然较少，仍需加大对新品种的培育和推广，以更好地适用于盐碱地。

（a）旱柳　（b）沙柳　（c）柽柳

图7-1　西北地区造林的适宜树种

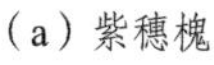

（a）紫穗槐

（b）小胡杨

（c）辽宁杨

图7-2　北方沿海地区造林的适宜树种

（a）毛白杨　　（b）苦楝　　（c）刺槐

图7-3　苏北地区造林的适宜树种

7.2 改良成效

从改良措施角度分析盐碱地改良的成效，主要体现在水利灌溉、物理改良、化学改良以及生物改良等方面。

7.2.1　水利灌溉

利用雨水收集并结合海绵城市建设理念进行灌溉，可以缓解水资源短缺问题，利用水肥一体化及微滴灌方式，结合不同季节的土壤返盐碱特点合理灌溉，均可弥补淡水资源匮乏的问题。

7.2.2　物理改良

物理改良有三种不同的情况：一是在闲置土地上，通过开沟起垄的方式排盐，改良土壤，周期长；二是通过土块破碎结合水肥一体化，将地块滴灌与排盐沟等措施结合起来，进而控制实施区域范围内所淋洗的高浓度含盐水分快速排出，达到迅速降低土壤中盐分、控制次生盐碱化的目的；三是针对土壤质地黏重且亟须绿化的地块，采用客土回填结合暗管铺设的方法，在短期内创造适宜常规植物生长的环境。

7.2.3 化学改良

在化学改良方面，主要采用了脱硫石膏法来改善盐碱地环境，其水解后可利用钙离子置换土中的钠离子，含钙离子的土壤胶体流动性较差，土质不易板结，有利于植株根部的生长扩大，土壤吸取水分和肥料的能力也提高，同时置换出的钠离子随水及时被送到土壤耕作层之下，从而实现了综合治理、改良盐碱地环境的目的。同时，在试验地块中还采用了硫酸、硫磺、硫酸亚铁、硫酸铝、柠檬酸渣等强酸性物料来改善盐碱地，利用硫酸铝中的铝离子对土壤胶体的凝聚性和酸性土壤中活性铝的致碱机理等特点，在土壤改良中取得了明显效果。

7.2.4 生物改良

在生物改良方面，主要通过筛选耐盐性强的植物品种，通过大量的工程实例，对常规植物品种的栽植试验进行对比分析，总结其耐盐性的强弱。另外，在原土上直接种植并进行筛选，其中盐生植物可起到短时间内低成本覆绿的效果。筛选后确认的品种其生长不需要太多的水分，能够将高矿化度水源充分利用，有助于生态覆绿和低成本改善生态环境。

利用微生物菌剂的特性，可以改善土地中的微生物多样性，促进土壤中微生物的生命活动，进而生成大量有机质，改变盐碱地耕作层的土质构造和物理性质，阻止土壤板结，增强土地的吸收功能，减少土壤重度，增加土壤中的水分，改善土壤温度。但在试验田修缮建设中，其生命周期过长，因没有成熟的管理经验，在第一批试验田中培育的乔木植被（红叶石楠、大叶黄杨、海桐）和农作物（西红柿、南瓜、茄子、辣椒、山芋）在半年内死亡40%，从中也吸取了教训。

盐碱地经改良后，对土层物理性质的改善效应随着土层深度的提高而逐步降低。但随着改良期限增长，土质并无显著改变，0～20cm地层土壤体积先下降后，总空隙度上升，而20～40cm和40～60cm地层土壤体积先下降后再上升，总空隙度先上升后再下降；土地特性趋势基本一致，由于改良期限的增长，土地中全盐量先下降后上升，而有机质含量、碱解氮和速效磷的含量则先上升后下降。

由于该技术的起步相对较晚，且目前在徐圩新区的应用还处于初始阶段，技术不成熟，微生物肥生产过程无法标准化、肥效不平衡等，严重降低了微生物菌肥的有效性，还需要进一步试验。

7.2.5 实际案例

从改良经验上来说，相关人员在多年的盐碱地改良和工程案例亲身实践中，丰富了盐碱地改良理论研究内容，积攒了宝贵的经验和佐证依据，这对未来徐圩新区盐碱地的进一步改良具有极强的指导意义，也对其他地区盐碱地的改良具有一定的借鉴意义。滨海盐碱地区新建了很多景观工程，如昌圩湖公园、白鹭公园、新丝路公园等，为滨海盐碱地的研究提供了大量实际案例资料。

1. 昌圩湖公园

昌圩湖公园位于连云港市经济开发区昌圩路，总建设面积33万m^2，其中园林绿化面积10万m^2，水体面积22万m^2。项目地块自古就为当地盐场生产盐田，基础土质盐碱度极高。该项目盐碱地改良工作主要采用物理隔盐、提高场地标高、客土回填等措施，以大型城市滨水环湖公园为主要建设方向，取得了较好的景观绿化效果，如图7–4所示。

项目环绕昌圩湖现有湖面而建，以原有湖水景观为基础，以集成休闲、娱乐、生态等多功能一体的开放性城市绿地为建设目标，设计景观布局。同时围绕自然积存、自然渗透、自然净化的思路，将海绵城市建设理念融入其中，并结合盐滩特质，有针对性地选择绿化植物，营造符合地域生态条件的绿化景观，打造城市“绿洲”。

2. 白鹭公园

白鹭公园位于赣榆新城青口河以南，G228国道两侧，总占地面积151万m^2，总投资1.7亿元，为园林绿化大型工程。

该项目地块前身为当地海水对虾养殖场，基础土质为典型的盐碱土，且多数地块标高较低，缺土较多，如图7–5所示。项目盐碱地改良工作主要采用物理隔盐、提高场地标高、客土回填等措施，以大型湿地为主要建设方向，取得了较好的景观绿化效果（图7–6）。

图7-4　昌圩湖公园实景

图7-5　白鹭公园原始面貌

图7-6　白鹭公园实景

项目建成后成为连云港乃至整个江苏沿海地区重要的湿地，依托山海相拥的特色风貌，融入河口湿地旅游理念，构建山、海、河一体文化旅游新格局，既为市民提供了休闲观光体验场所，又提升了赣榆南大门形象。该项目的建成对蓄水防洪、调节气候、平衡生态、保障安全等方面具有不可替代的作用。2022年候鸟迁徙期间，白鹭公园观测到鸟类数量1万余只，鸟类的种类、数量以及珍稀程度均有明显的提升。

3. 新丝路公园

新丝路公园位于连云港市连云区亚欧大陆桥桥头堡连云港至新疆霍尔果斯G30高速公路的东起始点，总投资约4200万元，总建设面积12万m^2。

该项目地块为海底淤泥地质经地球板块运动后升高而来，基础土质为典型的盐碱土。项目盐碱地改良工作主要采用物理隔盐、提高场地标高、客土回填等措施，取得了较好的景观绿化效果。新丝路公园建成前如图7–7所示，建成后效果如图7–8所示。

新丝路公园以海上丝绸之路与陆上丝绸之路起点为设计主题，重点表达连云港海滨城市特色风貌，立意国际视角，立足“一带一路”背景，引入中亚元素。同

图7–7　新丝路公园建成前

图7–8　新丝路公园建成后效果

时，新丝路公园也是连云港市海绵城市公园建设的典范，通过雨水花园、渗透铺装、植被过滤带、雨水回收等手法，设计分布式水文网络，达到控制水体污染、降水降盐碱等目的，并获得2020年度江苏省“扬子杯”优质工程奖。

7.3 未来展望

经过对徐圩新区盐碱地的土壤改良，这里的盐碱地土壤性质正在向标准的种植土壤转变，这也是进行盐碱地改良所追求的目标。长久以来的盐碱荒地得以逐渐改善，使难以种植城市绿化植物的盐碱地土壤能够像常规城市绿化用地土壤一样绽放出勃勃生机。

采用客土回填或原土改良两种方式治理盐碱地，力求将先进节水技术、生物集成技术与工程措施融合，运用相对成熟的城市绿化养护管理方式、现代化的绿化种植理念和不断优化的施工工艺，让植物可以正常生长。在植物品种的选用上，结合乡土树种，通过比对几十个品种，遴选出适应性较好的二十余个品种，使得盐碱地园林绿化植物的成活率达到了95%以上，使昔日寂寞的盐碱地绽放生机。

在土壤改良方式上，从地下部分到地上部分，从土壤、肥料、植物根部护理到栽植工艺、养护管理、防风支撑、防寒包裹、排水排盐措施到叶面肥施用，从细节入手完善施工工艺，借助有效的改良手段与治理措施，逐步实现盐碱地向地市绿化用地的转变，这种转变不仅能够给当地带来极大的经济效益和社会效益，同时也极大地保护了生态环境，有利于创建宜居城市。

基于国内学者对于我国盐碱地的研究以及此次针对连云港徐圩新区盐碱地改良治理的研究，笔者对于今后国内盐碱地的改良方向有以下几点展望。

7.3.1 生态改良工程

在荒碱土的改良过程中，虽然通过工程、农业、化学等不同措施获得了重要进展，但也同时面临着诸如工作量大、资源耗费高等问题。在改良过程中除了将钠、氯等盐类离子排出去以外，土中某些植物需要的矿物微量元素如磷、铁、锰和锌等也会被排出去，并且产生大量地面水，下游水源遭到严重污染以及压盐效应无法巩固土壤等。学者和建设者们逐步清楚了盐碱地改良的目的并不只是除去盐分，更关键的是实现植物稳定的生长势，也就是说，既要减少土壤的含盐量，也要培育肥沃的土地，因此应着重关注土壤生物学的改善措施。

近年来，我国对盐碱地的生态修复措施大致分为如下三个方面：

（1）对植株耐盐的生理特性与提高植株耐盐性的研究；

（2）在盐碱地上，培育和驯化有经济价值的盐生草本植物和耐盐花卉；

（3）运用中国传统的杂交育种技术和遗传工程方法，培育耐盐新品种和转抗盐基因植株。

相比较而言，第二种措施的优点更多一些，其特点是投入较小、见效快，在大面积盐碱土地上采用这种措施，即使不进行工程修复，也可以投入使用并取得较好的经济效益，而盐碱地在使用过程中，又能改善其物理性质，并在工程修复过程中增加利用效率等。

7.3.2　开展相关领域研究

1. 加强土壤盐渍化的监测、评估、预测和预警研究

包括研究土壤水盐的动态监测技术、研究田间土壤中盐分的优化评价技术方案、研究不同土地使用条件下的盐渍化危险性程度评估与预警技术方案，进行典型盐碱土及热点地区的次生盐渍化产生过程及趋势预测、预警与危险性评价的研究，并进行土壤盐碱类危害指标和土地盐碱化危险诊断指标的研究，进一步完善了盐碱土分类指标。

2. 对盐碱障碍整治、恢复以及对盐碱地资源使用的优化与管理等研究

包括利用水利、灌溉、排涝、田间与耕地、生态农艺等措施控制土壤水盐分平衡的调节机理，集成水盐分调节目标的土壤水盐分优化调节机理，区域水盐分均衡调节规划关键技术，土壤水盐分优化调节关键技术及其集成模型，以及潜在的盐碱地区与边缘低水质灌溉区土壤的抗盐分平衡调节机理。

3. 土壤盐渍化的生态环境效应研究

包括次生盐渍化的生态建设环境影响，盐碱地在水土资源利用中的环境工程建设，重大水源工程影响区的盐渍退化及其环境工程建设，农田退化与生态建设环境保护之间的关联，气候变迁和盐渍化变迁，在绿洲扩展与节水灌溉等条件下的盐渍退化与环境变迁等。

综上所述，连云港徐圩新区的盐碱地改造与绿化还处在探索阶段，盐碱地治理虽然也取得了一些成果，但仍需要继续坚持、完善和进步。

在未来的盐碱地管理与使用问题上，必须转变思想观念，根据盐碱地的自然环境特点，因地制宜，大力引进与运用相关的新型工程技术与科研成果，进一步加强对盐碱地的耐盐性调查，及时引入合适的经济作物种类，为今后的盐碱地造林工程补充科技基础与资料。同时，针对盐碱地的特殊性，逐步建立一种有利于盐碱地的环境效益、经济效益、社会效益的统一管理模式。着力拓宽盐碱地的利用渠道，积极推动盐碱地自然资源的产业化利用，提高盐碱地开发与使用管理水平，由强调土地治理改造向寻求人与自然的和谐统一转变，以实现在盐碱地利用过程中环境效益、经济效益与社会效益的有机统一。

附录一

徐圩新区植物调查情况（乡土植物）

徐圩新区植物调查情况（乡土植物）　　表1

序号	名称	照片	分类	长势分布	特性
1	楝树		落叶乔木	绿色，板徐路路两侧，阳光充足，抗性好，长势茂盛	喜光，耐旱，耐寒，耐瘠薄，生长快
2	毛白杨		落叶乔木	绿色，海滨大道西侧，阳光充足，抗性好，长势茂盛	喜光，耐旱，耐寒，耐瘠薄，生长快
3	乌桕		落叶乔木	树皮暗灰色，有纵裂纹；公园区域零星、镶嵌分布，长势良好	喜光树种，对光照、温度均有一定的要求，能耐间歇或短期水淹，对土壤适应性较强
4	榆树		落叶乔木	绿色，有活力；苏海路集中成片分布，阳光充足，抗性好，长势茂盛	喜光，耐旱，耐寒，耐瘠薄，生长快，寿命长，耐干冷气候及中度盐碱，不耐水湿

续表

序号	名称	照片	分类	长势分布	特性
5	臭椿		落叶乔木	叶面深绿色，背面灰绿色；公园零星、镶嵌分布，长势良好	耐寒，耐旱，不耐水湿，长期积水会烂根死亡
6	构树		落叶乔木	树皮平滑，浅灰色或灰褐色；皇冠酒店附近与合作路集中成片分布，长势茂盛	其根系浅，侧根分布很广，生长快，萌芽力和分蘖力强，耐修剪，抗污染性强
7	碱蓬		一年生草本	叶片粉紫，荒地上普遍长势良好	喜高湿，耐盐碱，耐贫瘠，少病虫害，适于沿海地区砂土或砂质壤土种植
8	碱菀		草本	红秆，粉花；公园零星、镶嵌分布，长势良好	生长于海岸、湖滨、沼泽及盐碱地
9	芦苇		多年水生或湿生的高大禾草	皇冠酒店附近、合作路、方洋管理学院和港前大道集中成片分布，长势茂盛	生于江河湖泽、池塘沟渠沿岸和低湿地

续表

序号	名称	照片	分类	长势分布	特性
10	拂子茅		多年生草本	秆偏黄；公园零星、镶嵌分布，耐盐，长势良好	土壤常轻度至中度盐渍化，生于潮湿地及河岸沟渠旁
11	狗尾草		一年生草本	皇冠酒店附近与合作路零星、镶嵌分布，养分不良致枯萎	疏松肥沃、富含腐殖质的砂质壤土及黏壤土为宜
12	蒿子		一年生草本	枯萎，灯塔路零星、镶嵌分布	常星散生于低海拔、湿润的河岸边砂地、山谷、林缘、路旁等，也见于滨海地区
13	假还阳参		多年生草本	基生叶匙形，有活力；灯塔路零星、镶嵌分布，长势良好	生长于海滨砂地、山麓林缘
14	苣荬菜		多年生草本	绿色，有活力；灯塔路零星、镶嵌分布，长势良好	潮湿地或近水旁

续表

序号	名称	照片	分类	长势分布	特性
15	苦苣菜		一年生或二年生草本	绿色，有活力；皇冠酒店附近与合作路零星、镶嵌分布，长势良好	多生长在林下、山坡、平地田间、空旷处、山谷林缘或近水处
16	牛皮消		多年生缠绕草本	较有活力，黄绿色；灯塔路生长情况欠佳，有明显枯萎状况	生长于低海拔的沿海地区的山坡林缘、路旁灌木丛、河流或水沟边潮湿地
17	雀梅藤		落叶攀缘灌木	叶片略枯，灯塔路生长情况欠佳，有明显枯萎状况	对土壤要求不严，耐阴，萌芽、萌蘖力强，耐整形、修剪
18	小蓬草		一年生草本	绿色，有活力；皇冠酒店附近与合作路零星、镶嵌分布，长势良好	多生于干燥、向阳的土地上或者路边、田野、牧场、草原、河滩
19	钻叶紫菀		多年生草本	落叶，有花；皇冠酒店附近与合作路零星、镶嵌分布	生长于山坡、林缘、路旁

续表

序号	名称	照片	分类	长势分布	特性
20	野菊		多年生草本	绿色，开花，有活力；公园零星、镶嵌分布，长势良好	生长于山坡草地、灌丛、河边水湿地、滨海盐渍地、田边及路旁
21	马蹄金		多年生匍匐草本	绿色，有活力；苏海路集中成片分布，阳光充足，长势茂盛	喜光照，耐阴，抗病、抗污染
22	络石		常绿藤本	绿色，有活力；灯塔路零星、镶嵌分布，长势良好	性喜温暖、湿润、半阴；不择土壤，耐干旱，但忌水涝
23	艾		多年生草本或略成半灌木状	下部叶片略枯萎，苏海路集中成片分布，长势茂盛	分布广，生长于低海拔至中海拔地区的荒地、路旁、河边及山坡等地
24	白茅 		多年生草本	绿色，有活力；方洋管理学院和港前大道零星、镶嵌分布，长势良好	适应性强，耐阴、耐瘠薄和干旱，喜湿润、疏松土壤

续表

序号	名称	照片	分类	长势分布	特性
25	鹅肠菜		二年生或多年生草本	绿色，有活力；皇冠酒店附近与合作路零星、镶嵌分布，长势良好	生长于荒地、路旁及较阴湿的草地，以及冲积沙地的低湿处或灌丛林缘和水沟旁
26	车前草		二年生或多年生草本	绿色，有活力；方洋管理学院和港前大道零星、镶嵌分布，长势良好	生长于草地、河滩、沟边、草甸、田间、路旁
27	一年蓬		一年生或二年生草本	绿色，有活力；公园零星、镶嵌分布，长势良好	生长于山坡、路边及田野中
28	天胡荽		多年生草本	绿色，有活力；公园零星、镶嵌分布，长势良好	耐阴、耐湿，稍耐旱，适应性强，生性强健，种植容易，繁殖迅速，水陆两栖皆可
29	蓼		一年生或多年生草本	绿色，有活力；灯塔路零星、镶嵌分布，长势一般	生长于水边或水中

续表

序号	名称	照片	分类	长势分布	特性
30	龙葵		一年生草本	绿色，花苞略枯萎；灯塔路零星、镶嵌分布，长势良好	茎无棱或棱不明显，绿色或紫色；对土壤要求不高，适宜的土壤pH为5.5～6.5
31	凹头苋		一年生草本	边缘呈环形，淡绿色；苏海路零星、镶嵌分布，长势良好	高10～30cm，全体无毛
32	婆婆纳		一年生至二年生草本	嫩绿，边缘为圆齿状；方洋管理学院和港前大道区域零星、镶嵌分布，长势良好	喜光，耐半阴，忌冬季湿涝，对水肥条件要求不高
33	蛇莓		多年生草本	绿色，有活力；皇冠酒店附近与合作路零星、镶嵌分布，长势良好	喜阴凉、湿润，耐寒，不耐旱，不耐水渍，田园土、砂质壤土、中性土均能生长良好

续表

序号	名称	照片	分类	长势分布	特性
34	白英		草质藤本	叶呈绿色，有白色绒毛；苏海路区域零星、镶嵌分布，长势一般	耐旱，耐寒，怕重黏土，盐碱地、低洼地不宜种植
35	地锦草		一年生草本	叶呈深绿色，茎细长；方洋管理学院和港前大道零星、镶嵌分布，长势良好	根细小，茎细，呈叉状分枝，表面带紫红色，喜温暖湿润
36	过路黄		多年生草本	部分叶子呈绿色，小部分枯黄；皇冠酒店附近与合作路生长情况欠佳	有短毛或近于无毛，适于砂质壤土
37	牛膝菊		一年生草本	绿色，叶略枯萎；公园集中成片分布，长势茂盛	纤细，基部径不足 1mm，或粗壮，基部径约 4mm，不分枝或自基部分枝；喜潮湿、日照长

附录二

徐圩新区植物调查情况（引进植物）

徐圩新区植物调查情况（引进植物） 表2

序号	名称	照片	分类	长势分布	特性	用途
1	榉树		落叶乔木	孤植、丛植于公园和广场的草坪、建筑旁，作庭荫树	生长较慢，材质优良，是珍贵的硬叶阔叶树种	造林树种、园林风景树、行道树
2	栾树		落叶乔木	树皮厚，呈灰褐色至灰黑色，在公园集中成片分布，长势茂盛	喜光，稍耐半阴，耐寒	药用、绿化、经济
3	雪松		常绿乔木	叶呈针形，为灰绿色或银灰色，公园零星、镶嵌分布，长势良好	在气候温和凉润、土层深厚、排水良好的酸性土壤上生长旺盛，喜阳光充足，也稍耐阴、耐酸性土、微碱	园林、建筑、药用
4	中山杉		落叶乔木	树叶呈条形，互相伴生，叶子较小，长度一般在0.6 ~ 1cm	用于滩涂湿地、生态园区、城市绿地等环境绿化	园林、经济
5	白蜡		落叶乔木	固沙树种，奇数羽状复叶，对生，连叶柄长15 ~ 20cm	耐湿、耐腐蚀和耐盐碱，萌芽、萌蘖力均强，耐修剪，生长较快，寿命较长	园林、经济

续表

序号	名称	照片	分类	长势分布	特性	用途
6	法桐		落叶乔木	老枝秃净，呈红褐色，公园零星、镶嵌分布，长势良好	喜光，不耐阴，生长迅速、成荫快，喜温暖、湿润气候，对土壤要求不高，耐干旱、瘠薄，亦耐湿	园林、经济
7	鹅掌楸		落叶乔木	叶片呈黄色，部分凋落；皇冠酒店附近与合作路零星、镶嵌分布，长势良好	生长快，耐旱，对病虫害抗性极强	珍贵的行道树和庭院观赏树种
8	旱柳		落叶乔木	枝直立或斜展，叶中部最宽，基部圆形或宽楔形	生长势和适应性强，易无性繁殖	园林、经济
9	朴树		落叶乔木	树皮平滑，呈灰色；叶片革质，宽卵形至狭卵形	喜光，适温暖湿润气候，对土壤要求不高，有一定耐干旱能力，也耐水湿及瘠薄土壤，适应力较强	园林、经济

续表

序号	名称	照片	分类	长势分布	特性	用途
10	青桐		落叶乔木	树皮为绿色，平滑，叶呈心形，掌状3～5裂，花期6月左右	落叶乔木干皮光绿，叶大荫浓，清爽宜人，栽植于庭前、屋后、草、池畔等处，极显幽雅清静	对各种有毒气体的抗性很强，适用于厂矿绿化
11	榔榆		落叶乔木	树形优美，姿态潇洒，树皮斑驳，枝叶细密	喜光，耐干旱，在酸性、中性及碱性土上均能生长	园林、经济
12	香樟		常绿乔木	树皮为黄褐色，有不规则的纵裂；皇冠酒店附近与合作路零星、镶嵌分布，长势良好	多喜光，稍耐阴；喜温暖、湿润气候，耐寒性不强，不耐干旱、瘠薄和盐碱土	提取樟脑和樟油供医药及香料工业用
13	大叶女贞		乔木	叶片常绿；皇冠酒店附近与合作路集中成片分布，长势茂盛	耐寒性好，耐水湿，喜温暖湿润气候，喜光耐阴	园林、药用
14	柽柳		落叶灌木或小乔木	枝条细柔，姿态婆娑	生长于海滨、滩头、潮湿盐碱地和沙荒地	药用、绿化、经济

续表

序号	名称	照片	分类	长势分布	特性	用途
15	鸡爪槭		落叶灌木或小乔木	小枝紫或淡紫绿色，老枝淡灰紫色；皇冠酒店附近与合作路区域集中成片分布，长势茂盛	弱阳性树种，耐半阴，喜温暖湿润气候及肥沃、湿润、排水良好土壤，耐寒性强，对酸性、中性及石灰质土均能适应	行道树和观赏树，是较好的"四季"绿化树种
16	木槿		落叶灌木或小乔木	高 3 ~ 4m，小枝密被黄色星状绒毛	在园林中可用作花篱式绿篱，孤植和丛植	观赏、园林
17	紫薇		落叶灌木或小乔木	树皮平滑，灰色或灰褐色；皇冠酒店附近与合作路集中成片分布，长势茂盛	喜暖湿气候，喜光，略耐阴，喜肥	具有较强的抗污染能力
18	紫穗槐		落叶灌木	豆科落叶灌木，高 1 ~ 4m。枝褐色，花、果期 5—10 月	蜜源植物，耐瘠，耐水湿和轻度盐碱土，又能固氮	园林、经济
19	枇杷		常绿小乔木	叶厚，深绿色，背面有绒毛；在公园集中成片分布，长势茂盛	喜光，稍耐阴，喜温暖气候和肥水湿润、排水良好的土壤	药用，润肺止咳、止渴、和胃，常用于咽干烦渴等症

续表

序号	名称	照片	分类	长势分布	特性	用途
20	法青		常绿灌木或小乔木	表面暗绿色光亮，背面淡绿色；公园零星、镶嵌分布，长势良好	喜温暖、稍耐寒，喜光、稍耐阴，在潮湿、肥沃的中性土壤中生长迅速，也能适应酸性或微碱性土壤	药用、绿化
21	山麻杆		落叶丛生灌木	落叶灌木，高 1 ~ 5m；花期 3—5 月，果期 6—7 月	喜温暖的气候环境，抗寒能力弱	园林、经济
22	红叶石楠		常绿大灌木	叶片革质，长圆形至倒卵状	耐寒性好，喜温暖湿润气候，喜光耐阴	观赏、经济
23	金森女贞		常绿灌木	春叶斑色类彩叶植物，植株强健，春叶呈明亮的黄绿色，观赏性状优异，长势强健	可应用于重要地段的草坪、花坛和广场，与其他彩叶植物配置，修剪整形成各种模纹图案	观赏、经济
24	侧柏		常绿小乔木	雄球花黄色，卵圆形；方洋管理学院和港前大道集中成片分布，长势茂盛	喜光，幼时稍耐阴，适应性强，对土壤要求不高，在酸性、中性、石灰性和轻盐碱土壤中均可生长	庭院绿化树种，木材可用于建筑和家具等，叶和枝可入药

续表

序号	名称	照片	分类	长势分布	特性	用途
25	红花檵木		半常绿乔木	嫩枝为红褐色，密被星状毛；在公园集中成片分布，长势茂盛	适宜在肥沃、湿润的微酸性土壤中生长	观赏、经济
26	小龙柏		常绿灌木	近球形，枝密生，间有刺叶，深根性，侧根发达	喜充足的阳光，适宜种植于排水良好的砂质土壤	观赏、经济
27	枸骨		常绿灌木	叶形奇特，碧绿光亮；皇冠酒店附近与合作路零星、镶嵌分布，长势良好	耐干旱，每年冬季施入基肥，喜肥沃的酸性土壤，不耐盐碱	优良的观叶、观果树种
28	海桐		常绿灌木	高可达6m，嫩枝被褐色柔毛，有皮孔	喜温暖湿润气候和肥沃润湿土壤，耐轻微盐碱，能抗风防潮	优良的观叶品种
29	火棘		常绿灌木	绿叶，有红果；方洋管理学院和港前大道零星、镶嵌分布，长势良好	侧枝短，先端成刺状，老枝暗褐色，耐贫瘠，抗干旱，不耐寒	美化绿化、园林造景，是一种观赏性很好的植物
30	迎春花		落叶灌木	黄绿色叶子，无花；公园零星、镶嵌分布	花期2—4月，直立或匍匐，喜光，稍耐阴，略耐寒，碱性土中生长不良	美化观赏、园林造景

续表

序号	名称	照片	分类	长势分布	特性	用途
31	胡颓子		常绿灌木	绿色，略枯，有白色斑点；苏海路零星、镶嵌分布，长势良好	耐盐、耐旱和耐寒	根、叶、果实均供药用，有观赏价值
32	大叶黄杨		常绿灌木	绿色，革质叶；灯塔路零星、镶嵌分布，长势良好	枝圆柱形，有纵棱，灰白色；小枝四棱形。耐热、耐寒，耐碱性较强	盆景、园林、可入药
33	杜鹃		半常绿灌木	叶绿，无落叶；方洋管理学院和港前大道集中成片分布，长势茂盛	分枝多而纤细，密被亮棕褐色扁平糙伏毛，叶革质，常集生枝端，喜酸性土壤	观赏、绿化
34	腊梅		落叶灌木	绿色，底部略黄；方洋管理学院和港前大道区域零星、镶嵌分布，长势良好	性喜阳光，但亦略耐阴，较耐寒，耐旱，对土质要求不高	园林、药用
35	月季		常绿或半常绿灌木	叶片绿色或紫红色，无花；公园区域集中成片分布，长势茂盛	四季开花，以疏松、肥沃、富含有机质、微酸性、排水良好的壤土较为适宜	观赏、药用、园林、栽培

续表

序号	名称	照片	分类	长势分布	特性	用途
36	酢浆草		多年生草本	嫩绿色，倒心形；方洋管理学院和港前大道区域零星、镶嵌分布，长势良好	喜向阳、温暖、湿润的环境，抗旱能力较强，不耐寒，一般园土均可生长，但以腐殖质丰富的砂质壤土生长旺盛	全草入药，有清热解毒、消肿散疾的效用
37	沿阶草		多年生草本	深绿色，略枯萎、破裂；方洋管理学院和港前大道零星、镶嵌分布，长势良好	根纤细，近末端处有纺锤形的小块根，耐湿、耐旱、耐寒	全株入药，味甘
38	白三叶		多年生草本	主根短，侧根和须根发达，茎匍匐蔓生	其适应性广，抗热抗寒性强，主要用于草地建设，具有良好的生态和经济价值	观赏、园林
39	马尼拉草		多年生草本	禾本科、结缕草属植物，翠绿色，分蘖能力强，观赏价值高	抗干旱、耐瘠薄；适宜在深厚肥沃、排水良好的土壤中生长	观赏、园林

续表

序号	名称	照片	分类	长势分布	特性	用途
40	紫藤		落叶藤木	干皮深灰色，不裂；春季开花，青紫色蝶形花冠，花紫色或深紫色	为暖带及温带植物，对气候和土壤的适应性强，较耐寒，能耐水湿及瘠薄土壤，喜光，较耐阴	制作风味面食
41	绞股蓝		多年生攀缘草本	茎细弱，具分枝，具纵棱及槽，无毛或疏被短柔毛	喜阴湿温和的气候，多野生在林下、小溪边等荫蔽处	药用
42	拉拉藤		攀缘状草本	花冠黄绿色或白色，辐状裂片长圆形镊合状排列	耐寒、抗旱、喜肥、喜光	嫩茎和叶可作食草动物饲料

附：彩色插图

第3章　插图

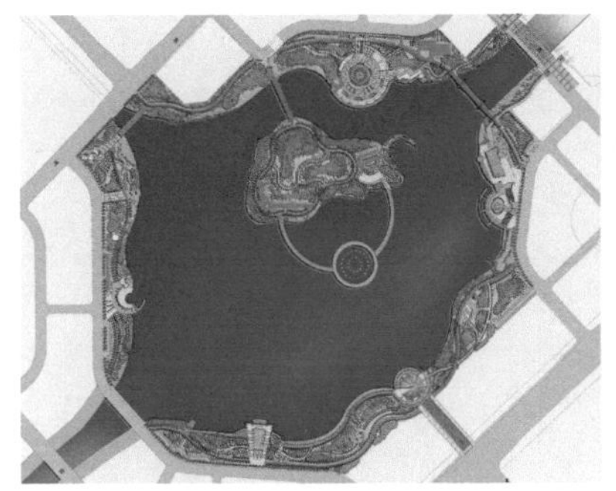

（a）云湖公园平面图

（b）云湖公园建成后效果（一）

（c）云湖公园建成后效果（二）

（d）云湖公园建成后效果（三）

（e）云湖公园整体效果图

图3-1　云湖公园

（a）场地土方平整

（b）地形低点处设排水沟、排水盲管

（c）铺设隔盐石子层

（d）现场大树种植

（e）铺设土工布

（f）排盐管打孔

（g）隔盐碱做法剖面示意图

（h）碎石铺设

（i）绿化种植与海绵城市建设措施相结合

图3-2　徐圩新区张圩港河防护林带工程

（j）局部完成后效果

（k）雨水花园

（l）海绵城市展示区

（m）雨水湿塘

（n）植草沟

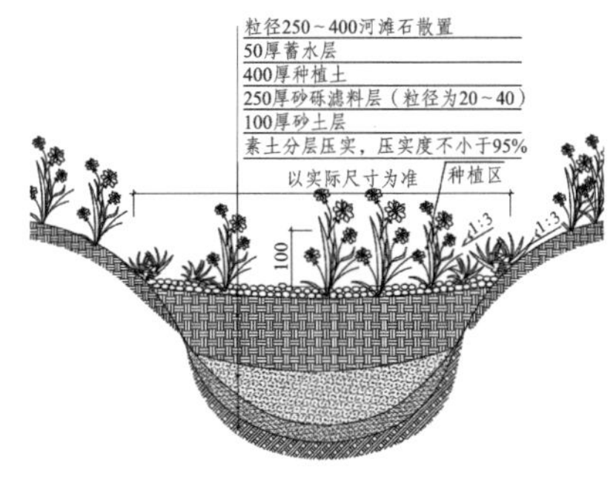

（o）隔盐层与植草沟衔接处做法图（一）

设计道路面层
灰土路基
回填种植土
碎石隔盐碱层
河道开挖回填土
150
100
盲管
接入雨水检查井

（p）隔盐层与植草沟衔接处做法图（二）

图3-2　徐圩新区张圩港河防护林带工程（续）

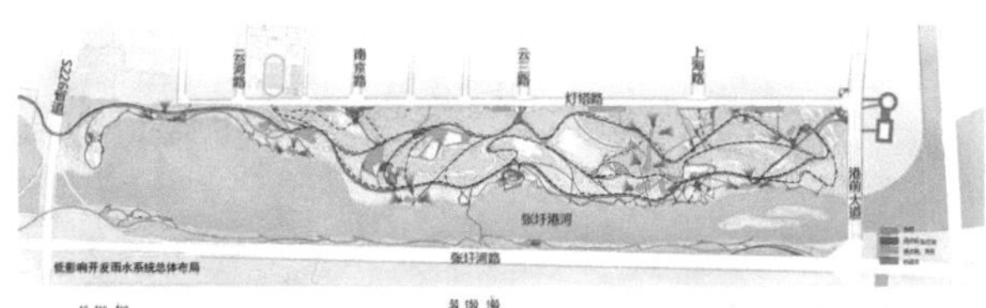

1. **透水道路和铺装**
透水道路作为一种新的环保型、生态型的道路种类，能够使雨水迅速渗入地表，补充地下水。

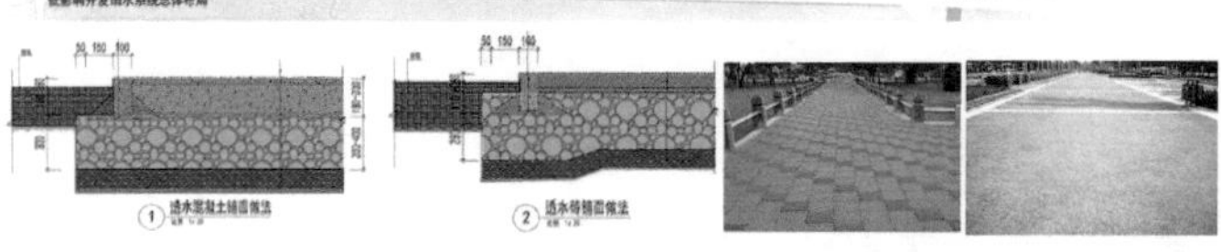

2. **植草沟隔盐碱与海绵措施相结合**
植草沟可收集、输送和排放径流雨水，具有一定的雨水净化作用，也可作为生物滞留设施、湿塘等的预处理设施。

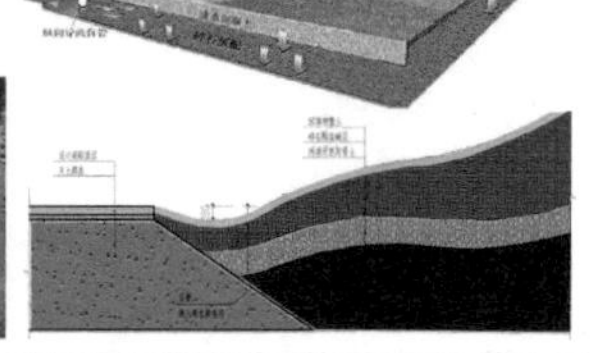

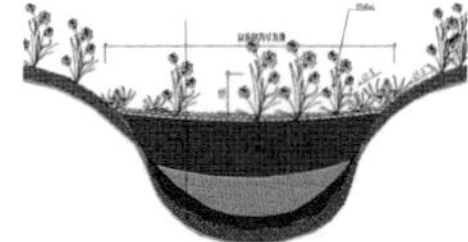

3. **下凹式绿地**
在绿地建设时使绿地高程低于周围地面一定高程，以利于周边雨水径流的汇入。

4. **植被缓冲带**

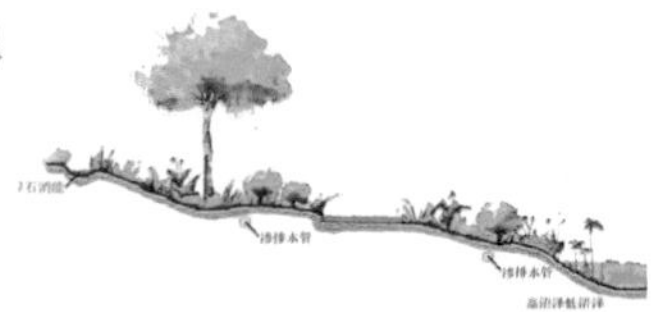

5. **雨水花园（生物滞留设施）**
在有一定绿地规模的区域与汇水的末端或低洼处，设置雨水花园。

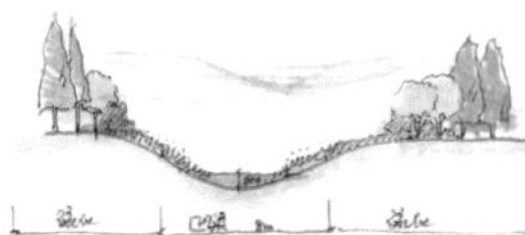

6. **潜流湿地、雨水湿塘**
利用现状低洼地，在雨水汇集、排水不畅的位置，设计湿式植草沟及雨水湿塘。

（q）海绵城市建设措施

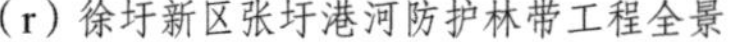

（r）徐圩新区张圩港河防护林带工程全景

（s）徐圩新区张圩港河防护林带工程局部

图3-2 徐圩新区张圩港河防护林带工程（续）

图3-4　铺设排盐、隔盐层

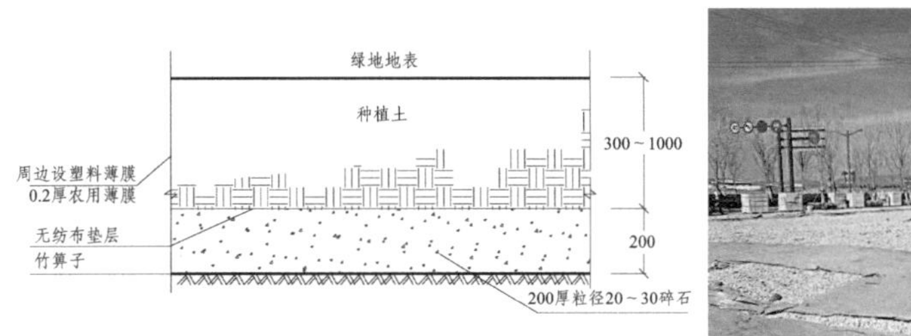

（a）简易隔盐做法　　（b）铺设隔盐层

图3-5　简易隔盐做法及现场照片

第4章　插图

图4-2　盐碱地原土土壤处理及砾石隔离层铺设示意图

图4-7　首部枢纽系统示意图

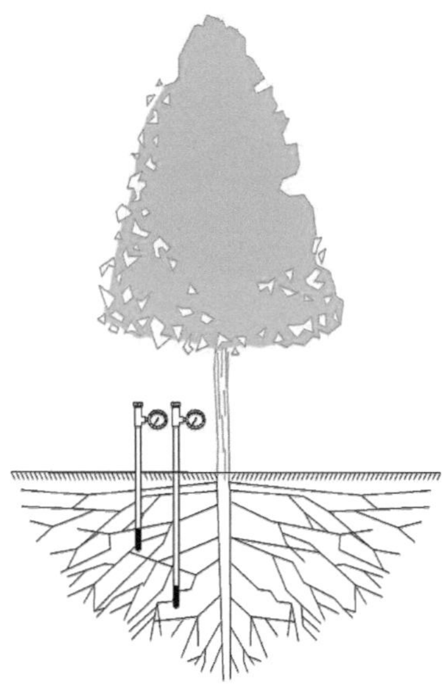

图4-8　负压计埋设示意图及现场图

图4-9　定期取土样并测定土壤盐分

图4-10　滴灌带铺设

图4-11　负压计监测

图4-12　植物长势情况

图4-13　周边河道

图4-14　内部排盐水系

图4-15　试验田改良前土壤现状图

（a）原状航拍照片

（b）原状照片

（c）原状芦苇

（d）原状盐蒿

图4-16 试验田植物生长原状图

（a）方案一：地上无纺布铺设

（b）方案二：半地下无纺布袋栽植

（c）方案三：地下石子淋盐层铺设

（d）方案四：地下农用膜铺设

图4-17 红叶石楠球栽植区域地下措施

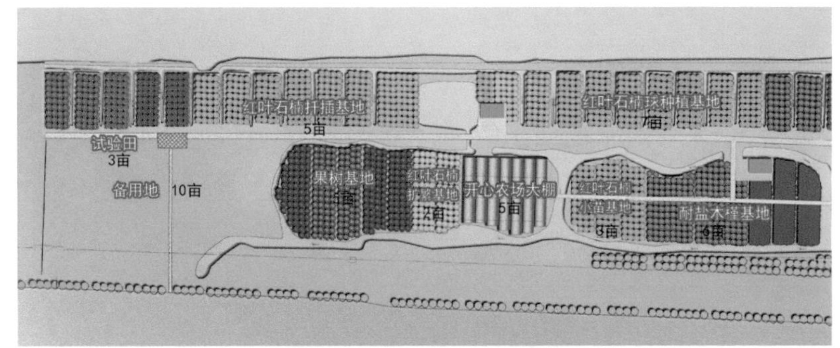

图4-18　试验田平面布局图

图4-19　试验田效果图

图4-21　场地平整施工现场

（a）原状取土化验

（b）冬季原状照片

（c）开沟挖渠

（d）原土翻耕

图4-22　现场取样、开沟、翻耕

（a）原土旋耕开沟

（b）原土旋耕

图4-23　开沟、旋耕现场

（a）铺设农用膜

（c）现场照片

（b）回填种植土

图4-24　农用膜铺设过程

（a）土工布层

（b）碎石层

（c）施工现场照片

图4-25　地下土工布层、碎石层铺设过程

（a）方案一：栽植长势情况

（b）方案二：栽植长势情况

（c）方案三：栽植长势情况

（d）方案四：栽植长势情况

（e）方案五：栽植长势情况

（f）种植试验区全貌

图4-26　红叶石楠球栽植现场

图4-33　红叶石楠扦插生长情况现场

图4-37　乌桕长势情况

第5章　插图

图5-1　中山杉503

图5-2　苏楝15号

图5-3　苏楝18号

图5-4　苏柳2327

图5-5　乌桕新品种“秋艳1号”

图5-6　乌桕新品种
"连桕1号"

图5-7　乌桕新品种
"云台红桕"

图5-8　乌桕新品种
"云台金桕"

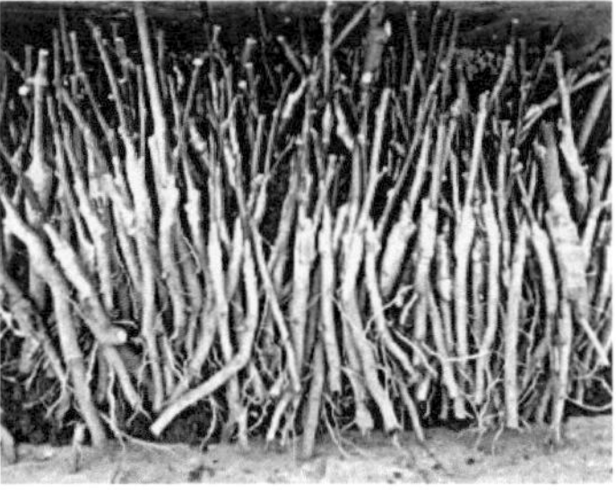

图5-9　耐盐木槿在海滨盐碱土上的长势情况与嫁接过程

第7章　插图

(a) 旱柳

(b) 沙柳

(c) 柽柳

图7-1　西北地区造林的适宜树种

（a）紫穗槐

（b）小胡杨

（c）辽宁杨

图7-2　北方沿海地区造林的适宜树种

（a）毛白杨

（b）苦楝

（c）刺槐

图7-3　苏北地区造林的适宜树种

图7-4　昌圩湖公园实景

图7-5　白鹭公园原始面貌

图7-6　白鹭公园实景

图7-7　新丝路公园建成前

图7-8　新丝路公园建成后效果

参考文献

［1］冯锐，苗济文，王平武．宁夏盐碱土改良工作50年回顾与展望［J］．宁夏农林科技，2000（1）：25–29．

［2］王秀丽，张凤荣，王跃朋，等．农田水利工程治理天津市土壤盐渍化的效果［J］．农业工程学报，2013，29（20）：82–88．

［3］崔京荣．不同改良剂对盐碱土改良的研究［D］．保定：河北农业大学，2018．

［4］赵倩．结合滨海盐碱地修复的城市湿地公园设计研究［D］．北京：北京林业大学，2020．

［5］张涛．天津滨海盐渍土改良及植被修复的研究［D］．北京：中国农业大学，2016．

［6］王凯博．海绵城市建设现状及问题的研究与讨论［J］．价值工程，2022，41（17）：11–13．

［7］王丽贤，张小云，吴淼．盐碱土改良措施综述［J］．安徽农学通报（上半月刊），2012，18（17）：99–102．

［8］张翼夫，李问盈，胡红，等．盐碱地改良研究现状及展望［J］．江苏农业科学，2017，45（18）：7–10．

［9］朱光艳，刘国锋，徐增洪．冲水洗盐对滨海盐碱地盐分变化的影响［J］．灌溉排水学报，2019，38（S2）：52–56．

［10］张翠英．盐碱地治理技术要点及应用［J］．现代农村科技，2022（5）：54．

［11］曹怡俊．盐碱地绿化的土壤改良措施分析［J］．工程建设与设计，2021（9）：93–95，99．

［12］王宗辉．盐碱地绿化技术在海昌海洋主题公园绿化工程中的应用［J］．中国新技术新产品，2020（11）：98–100．

［13］缪献忠．杭州湾新区盐碱地绿化施工新技术［J］．工程技术研究，2020，5（9）：38–39．

［14］张小栋．滨海盐渍化土壤改良效应研究［D］．保定：河北农业大学，2021．

［15］温利强．我国盐渍土的成因及分布特征［D］．合肥：合肥工业大学，2010．

［16］刘勇军．滨海盐碱地绿化种植设计要点探讨：以温岭市东部新区绿化设计为例［J］．中国园艺文摘，2018，34（5）：154–156．

［17］李畅．试析滨海城市盐碱地园林绿化技术［J］．现代园艺，2018（4）：42．

［18］李晔，王珺，严力蛟．滨海盐碱地绿化技术的应用［J］．江西农业，2017（22）：56–58．

［19］李霞．沧州盐碱地绿化改造综合技术［J］．现代园艺，2016（20）：172．

［20］蒋秀娟．滨海盐碱地植物配置研究［D］．北京：中国林业科学研究院，2017．

［21］朱海涛，肖贺．沧州渤海新区盐碱地改良技术模式研究［J］．甘肃科技，2021，37（12）：28–29．

［22］吴书惠，林明明．盐碱地绿化技术研究概述：以滨州市为例［J］．山西农经，2016（6）：55．

［23］单志田．浅析东港市大东沟盐碱地绿化技术［J］．南方农业，2016，10（10）：81–82．

[24] 沙梦哲．浙江慈溪慈东滨海区盐碱地绿化技术与成效分析研究［D］．杭州：浙江大学，2015.

[25] 赵海明．盐碱地绿化工程技术探讨：以上海滨海地区为例［J］．现代园艺,2014（9）：72–74.

[26] 李金彪，陈金林，刘广明，等．滨海盐碱地绿化理论技术研究进展［J］．土壤通报，2014，45（1）：246–251.

[27] 王佳丽，黄贤金，钟太洋，等．盐碱地可持续利用研究综述［J］．地理学报，2011，66（5）：673–684.

[28] 杨劲松．中国盐渍土研究的发展历程与展望［J］．土壤学报，2008，45（5）：837–845.

[29] 牟晓杰，刘兴土，阎百兴，等．中国滨海湿地分类系统［J］．湿地科学，2015，13（1）：19–26.

[30] 吕晓，徐慧，李丽，等．盐碱地农业可持续利用及其评价［J］．土壤，2012，44（2）：203–207.

[31] 李颖，陶军，钞锦龙，等．滨海盐碱地“台田–浅池”改良措施的研究进展［J］．干旱地区农业研究，2014，32（5）：154–160，167.

[32] 王若水，康跃虎，万书勤，等．水分调控对盐碱地土壤盐分与养分含量及分布的影响［J］．农业工程学报，2014（14）：96–104.

[33] 马晨，马履一，刘太祥，等．盐碱地改良利用技术研究进展［J］．世界林业研究，2010（2）：28–32.

[34] 李小牛，苏沛兰．中度盐碱地不同秸秆覆盖量对土壤含盐量的影响［J］．灌溉排水学报，2017，36（S1）：66–70.

[35] 翟鹏辉．天津滨海土壤盐渍化特征与隔盐层处理技术的脱盐效应研究［D］．北京：北京林业大学，2013.

[36] 郭相平，陈瑞，王振昌，等．地下隔离层与石膏处理对滨海盐碱地玉米生长的影响［J］．灌溉排水学报，2016，35（5）：28–32.

[37] 殷小琳，丁国栋，高媛媛，等．隔盐层对滨海盐碱地造林效果影响研究［J］．干旱区资源与环境，2013，27（3）：182–187.

[38] 郝继祥，王一帆，邹荣松，等．黄河三角洲盐碱地改良对冬春地下水盐运动的影响［J］．农业科技与信息，2021（17）：22–24.

[39] 李保国．新时代下盐碱地改良与利用的科学之路［J］．中国农业综合开发，2022（1）：8–9.

[40] 王礼焦，孙皓，杜永，等．连云港市滩涂盐碱地资源状况与可持续开发利用研究［J］．农业科技通讯，2011（3）：108–113.

[41] 南江宽，陈效民，王晓洋，等．不同改良剂对滨海盐渍土盐碱指标及作物产量的影响研究［J］．土壤，2013，45（6）：1108–1112.

[42] 侯贺贺．黄河三角洲盐碱地生物措施改良效果研究［D］．泰安：山东农业大学，2014.

[43] 丰绪霞．生物活性保水剂的研制及其在荒漠化土壤中的应用［D］．哈尔滨：东北林业大学，2004.

[44] 秦磊．苏打盐碱地用新型土壤改良剂的制备及应用［D］．长春：长春工业大学，2012.

[45] 肖克飚，吴普特，雷金银，等．不同类型耐盐植物对盐碱土生物改良研究［J］．农业环境科学学报，2012，31（12）：2433–2440.

[46] 韩敏．不同改良剂对碱化土壤性质及苜蓿生长的影响［D］．呼和浩特：内蒙古农业大学，2017.

[47] 张俊伟．盐碱地的改良利用及发展方向［J］．农业科技与信息，2011（4）：63–64.

[48] 郭树庆，耿安红，李亚芳，等．耐盐植物生态修复技术对盐碱地的改良研究［J］．乡村科技，2018（28）：117–118.

[49] 李旺．液体改良剂（康地宝、盐碱丰）对碱土改良效果的研究［D］．呼和浩特：内蒙古农业大学，2004.

[50] 杨立国. 盐碱地物理改良方法 [J]. 黑龙江科技信息，2007 (1)：119.

[51] 王杰，王计平，杨秀艳，等. 渤海湾河口三角洲盐碱地生态修复研究进展 [J]. 世界林业研究，2020，33 (4)：68-73.

[52] 张锐，严慧峻，魏由庆，等. 有机肥在改良盐渍土中的作用 [J]. 土壤与肥料，1997 (4)：11-14.

[53] 卢建男，张琼，刘铁军，等. 不同改良剂对盐碱地土壤及草地早熟禾生长的影响 [J]. 草业科学，2017，34 (6)：1141-1148.

[54] 李伟强，雷玉平，张秀梅，等. 硬壳覆盖条件下土壤冻融期水盐运动规律研究 [J]. 冰川冻土，2001，23 (3)：251-257.

[55] 王高祥，苏小四，张岩，等. 连云港徐圩新区盐渍土盐分时空分布特征及其主要影响因素分析 [J]. 安全与环境工程，2021，28 (3)：16-24.

[56] 杨吉龙，裴艳东，田立柱，等. 天津滨海新区围海造陆对沿海低地浅层地下水环境的影响 [J]. 地质通报，2016，35 (10)：1653-1660.

[57] 苟富刚，龚绪龙，杨磊，等. 江苏沿海地区土体含盐特征及指示作用 [J]. 长江流域资源与环境，2018，27 (6)：1380-1387.

[58] 柴寿喜. 固化滨海盐渍土的强度特性研究 [D]. 兰州：兰州大学，2006.

[59] 苟富刚，龚绪龙，李进，等. 江苏滨海平原微承压水层位水土体含盐特征及其相关性分析 [J]. 水资源与水工程学报，2017，28 (3)：72-76.